农业生产安全类

新农村热点话题科普常识系列丛书

农业生产安全基本知识

中国农村技术开发中心组织编写

肖红梅 主编　张 辉 主审

中国劳动社会保障出版社

图书在版编目(CIP)数据

农业生产安全基本知识/肖红梅主编. —北京:中国劳动社会保障出版社,2010

新农村热点话题科普常识系列丛书　农业生产安全类

ISBN 978-7-5045-8618-6

Ⅰ.①农… Ⅱ.①肖… Ⅲ.①农业生产:安全生产-基本知识 Ⅳ.①X954

中国版本图书馆 CIP 数据核字(2010)第 164712 号

中国劳动社会保障出版社出版发行

(北京市惠新东街1号　邮政编码:100029)
出 版 人:张梦欣

*

北京谊兴印刷有限公司印刷装订　新华书店经销
787 毫米×1092 毫米　32 开本　6.125 印张　124 千字
2010 年 8 月第 1 版　2010 年 8 月第 1 次印刷

定价:**15.00 元**

读者服务部电话:**010－64929211/64921644/84643933**
发行部电话:**010－64961894**
出版社网址:**http://www.class.com.cn**
版权专有　　　侵权必究
举报电话:**010－64954652**
如有印装差错,请与本社联系调换:010－80497374

农村科普知识系列丛书编委会

主　　任　贾敬敦
副 主 任　孙晓明　刘敏超
编　　委　白启云　胡熳华　陆　萍　林京耀
　　　　　孟燕萍　张　辉　黄　靖　熊明民
　　　　　袁会珠　吴崇友　杨志强　肖红梅
　　　　　刘莉红

本书编写人员

主　　编　肖红梅
副 主 编　孙晓明　刘　源　冯　莉
编写人员　孟燕萍　边晓琳　张文涛
　　　　　邱良焱　周海莲　张永升
主　　审　张　辉

内容简介

本书针对当前我国农业生产安全的实际问题,结合农产品生产现状与发展趋势,对大田作物生产、自然灾害下大田作物应急措施、设施农业生产技术、畜禽及水产品养殖关键技术等进行了详细的介绍;特别对易引起食品安全和环境安全的相关农资,如种子、农药、兽药、化肥等使用安全作了重点阐述;对新兴技术,如农业管理服务体系、农业信息化、农产品追溯体系等作了简单介绍。

本书重在技术应用普及,适合于农民、农业科技人员、农业工作者、农村经纪人和农村基层干部阅读,也适用于大、中专业院校农业类学生及关心农业生产的广大读者使用。

前　言

党的"十七大"明确指出，解决好农业、农村、农民问题，事关全面建设小康社会的大局，必须始终作为全党工作的重中之重。当前，我国农业正处于从数量型向数量与质量效益型并重转变的新阶段，发展有中国特色的现代农业、建设社会主义新农村成为当前农业农村工作的重要任务。而加强农村人才队伍建设，把农业发展方式转到依靠科技进步和提高劳动者素质上来是根本，培养一批能够促进农村经济发展、引领农民思想变革、带领群众建设美好家园的农业科技人员是保证，培育一批有文化、懂技术、会经营的新型农民是关键。

为更好地在农村普及科技文化知识，树立先进思想理念，倡导绿色健康生产生活方式，中国农村技术开发中心组织相关领域的专家，从农业生产安全、农产品加工与运输安全、农村生活安全等热点话题入手，编写了"新农村热点话题科普常识系列丛书"，首批推出的图书有《农业生产安全基本知识》《农机具安全使用知识》《农药安全使用知识》《兽药安全使用知识》《农产品加工与运输安全知识》《农村生活安全基本知识》《农村气象灾害与防御知识》。该套丛书采用讲座和讨论等形式，通俗易懂、图文并茂、深入浅出地介绍了大量普及性、实用性的农村实用知识和技能。希望这套丛书能够为广大农民朋友、农业科技人员、农村经纪人和农村基层干部提供一个良好的学习材料，增加科技知识，强化科技意识，为安全生产、健康生活起到技术指导和咨询作用。

本套丛书在编写过程中得到了中国农业科学院和中国气象局培训中心等单位众多专家的大力支持。参与编写的专家倾注了大量心血，付出了辛勤的劳动，将多年丰富的实践经验奉献给读者。主审专家投入了大量时间和精力，提出了许多建设性的意见和建议，特此表示衷心感谢。

由于编者水平有限，时间仓促，书中错误或不妥之处在所难免，衷心希望广大读者批评指正。

编委会

二〇一〇年七月

目录

第一讲 农业生产安全基本知识 …………（ 1 ）

话题1 农业生产安全概念…………………（ 1 ）

话题2 农业生产和农业面源污染 ………（ 5 ）

话题3 农业生产与食品安全 ……………（ 8 ）

第二讲 大田作物栽培 ……………………（ 12 ）

话题1 种子的选择和加工………………（ 12 ）

话题2 肥料农药 谨慎购买 ……………（ 15 ）

话题3 科学施肥 合理用药 ……………（ 22 ）

话题4 土壤改良 充分利用 ……………（ 29 ）

话题5 病虫草害 科学防治 ……………（ 32 ）

话题6 作物秸秆 科学利用 ……………（ 35 ）

话题7 农业机械 安全第一 ……………（ 39 ）

话题8 作物采收 及时无损 ……………（ 43 ）

第三讲 设施农业生产 ……………………（ 46 ）

话题1 设施农业好处多…………………（ 46 ）

话题2 　大棚温室类型与设备 …………（48）

话题3 　科学调控温室环境条件 …………（51）

话题4 　大棚生产　重在育苗 ……………（55）

话题5 　夏季保护地设施………………（58）

话题6 　无土栽培 ……………………（60）

话题7 　蔬菜设施栽培 ………………（63）

话题8 　花卉设施栽培 ………………（68）

话题9 　果树设施栽培 ………………（70）

话题10 　设施养殖 …………………（73）

第四讲　农业自然灾害应急技术 …………（78）

话题1 　干旱防灾减灾技术………………（78）

话题2 　洪涝防灾减灾技术………………（81）

话题3 　高温防灾减灾技术………………（84）

话题4 　低温灾害防灾减灾技术 ………（85）

话题5 　阴雨、渍害防灾减灾技术 ………（89）

话题6 　风害防灾减灾技术………………（91）

话题7 　冰雹防灾减灾技术………………（94）

第五讲　畜禽养殖 …………………………（97）

话题1 　健康养殖品种和繁育 …………（97）

话题2 养殖环境 重在管理 ……………… (102)

话题3 饲料选择 重在营养 ……………… (105)

话题4 畜禽疾病 安全防治 ……………… (107)

话题5 畜禽粪便 科学利用 ……………… (115)

话题6 安全屠宰 保证质量 ……………… (117)

话题7 猪饲养 ……………………………… (121)

话题8 牛羊饲养 ……………………………… (124)

话题9 鸡饲养 ……………………………… (128)

话题10 水禽饲养……………………………… (130)

第六讲 渔业产品生产……………………………… (134)

话题1 生产区域的位置与选择 ………… (134)

话题2 常见水产品养殖种类 …………… (140)

话题3 饲料和营养 ……………………… (146)

话题4 水产健康养殖环境……………… (150)

话题5 水产疾病防治 …………………… (154)

话题6 捕捞、运输、保鲜与宰杀 ……… (162)

第七讲 农产品安全生产服务与管理 ………… (166)

话题1 农产品安全生产组织机构

与职能 ……………………………… (166)

话题2　农产品安全生产与农业
　　　　标准化 …………………（168）
话题3　农产品质量安全认证 …………（171）
话题4　农产品质量可追溯体系 ………（174）
话题5　农业信息服务技术简介 ………（178）

参考文献 ……………………………………（182）

第一讲

农业生产安全基本知识

话题1 农业生产安全概念

农业安全

农业问题始终是关系国计民生的大事,是国家发展和社会稳定的基础。我国是世界上人口最多的国家,通过农业安全生产,解决食物供给具有特别重要的意义。农业安全包括农业生产过程的安全、农产品数量和质量的安全,还包括环境安全。

安全生产

安全生产是指在生产经营活动中,为避免造成人员伤害和财产损失的事故而采取相应的事故预防和控制措施,以保证从业人员的人身安全,保证生产经营活动得以顺利进行的相关活动。安全生产是安全与生产的统一,其宗旨是安全促进生产,生产必须安全。

保障农业生产安全的措施

- 建立健全安全工作责任制。
- 加大安全生产的宣传力度。
- 加强农机农资安全检查。

- 积极开展食品安全监督检查。
- 抓好防控防治外来有害生物入侵工作。

农业生产安全现状与发展趋势

1. 农业生产安全的现状

- 农业基础设施脆弱，抵御自然灾害能力差。自然灾害频发，农业生产自然风险大，频繁遭遇冷害、干旱、雨雪、冰冻、气候异常等自然灾害。

> 2009年的自然灾害表现为三个"突出"：粮食主产区干旱和低温雪灾突出；汶川大地震灾区暴雨洪涝及其引发的滑坡、泥石流等次生灾害突出；黄淮等人口稠密地区强对流天气引发的风雹灾害突出。

- 病虫害频繁重发、暴发，严重威胁农业生产安全。
- 种子安全问题日益突出。
- 化工厂、餐饮业等污水排放污染严重，造成农田土壤污染和作物中毒。
- 地膜、化肥、农药等农资残留造成环境污染，越来越影响着农业生产安全。

> **小资料** 日本是我国食品、农产品出口的第一大市场，占我国食品、农产品出口总量的32%。2006年5月底，日本对食品中残留农业化学品提出了更高的要求，设计了更多的检测项目。这一举措直接影响我国近80亿美元的出口额。

2. 农业生产安全的发展特点

- 发展速度持续加快；
- 农产品质量稳定可靠；
- 品牌影响日益扩大；
- 综合效益不断提高。

3. 农业生产安全措施

（1）加强生产监管

- **强化生产基地建设** 在全国范围内分期分批创建无公害农产品生产基地、标准化生产综合示范区，加强无规定动植物疫病区的建设。

- **净化产地环境** 加大农产品产地环境监测力度，严格控制工业"三废"和城市生活垃圾对农业生态环境的污染，重点解决化肥、农药、兽药、饲料添加剂等农业投入品对农业生态环境和农产品的污染。

- **严格农业投入品管理** 按照国家法律法规，建立农业投入品禁用、限用公告制度。强化农业投入品市场的监督管理。严厉打击制售和使用假冒伪劣农业投入品行为。

- **推行标准化生产** 加大无公害农产品生产技术标准和规范的实施力度，指导农产品生产者、经营者严格按照标准组织生产和加工，科学合理地使用化肥、农药、兽药、饲料和饲料添加剂等农业投入品以及灌溉、养殖用水，加强动植物病虫害的检疫、防疫和防治工作，提高农产品分级、包装、保鲜、储藏和加工业标准化水平。

- **提高生产经营组织化程度** 积极扶持和发展专业技术协会、流通协会等农村专业合作经济组织和经纪人队伍，通过公司加农户、协会加农户等多种产业化经营方式，促进农业产业化龙头企业带动农产品生产者按照市场需求调整农产品品种布局和结构,提高农产品规模化和组织化程度,提升农产品质量安全水平。

(2) 推行市场准入制度

- **建立监测制度** 定期或不定期地开展农产品产地环境、农业投入品和农产品质量安全状况的监测。
- **推广速测技术** 开展农药残留、兽药残留等有毒有害物质残留检测,推广速测技术,检测结果以适当的方式公布,确保消费者的知情权和监督权。
- **创建专销网点** 在全国和省级定点农产品批发市场以及连锁超市,积极推进安全优质认证农产品的专销区建设。
- **实施标志管理** 根据不同农产品的特点,积极推行产品分级包装上市和产地标志制度。
- **实施追溯和承诺制度** 建立农产品生产、经营记录制度,实现农产品质量安全的可追溯。推行"产地与销地""市场与基地""屠宰厂与养殖场"的对接与互认,建立农产品质量安全承诺制度。

(3) 完善保障体系

- **健全标准体系** 积极采用国际标准,及时清理和修订过时的农业国家标准、行业标准,抓紧制定急需的农产品质量安全标准。
- **完善检验检测体系** 组织实施农产品质量安全检验检测体系建设规划,积极引进先进的检测技术和设备,努力缩小与发达国家在检验检疫方面的差距。
- **加快认证体系建设** 加强农产品质量安全认证体系的建设,组建农产品质量安全认证机构,做好安全农产品产地认定、产品认证和标准管理工作。

- **加强技术研究和推广** 加强农产品质量安全关键控制技术和综合配套技术的研究,加快农药残留、兽药残留等有毒有害物质快速检测仪器设备、方法的筛选比对和推广,抓好新品种、新技术、新产品的研究、开发、推广和技术服务工作。积极推广农产品产地环境净化技术。
- **建立信息服务网络** 将农产品质量安全信息作为农业市场信息体系的重要内容,及时向农产品生产、加工、经营和使用者提供质量、安全、标准、品牌、市场等方面的信息。尽快建立农产品质量安全信息系统。

话题2 农业生产和农业面源污染

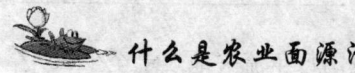
什么是农业面源污染

农业面源污染指在农业生产活动中,氮素和磷素等营养物质、农药、秸秆和畜禽粪便等农业废弃物及其他有机污染物,通过雨水、农田地表径流和农田渗漏进入大气、土壤和水体造成的污染。

- **主要包括** 化肥污染、农药污染、集约化养殖场污染。
- **主要污染物** 重金属、硝酸盐、NH_4^+、有机磷、六六六、COD、DDT、病毒、病原微生物、寄生虫和塑料增塑剂等。

目前农业面源污染已经成为了中国水体氮、磷富营养化的主要原因。

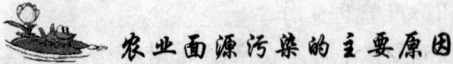
农业面源污染的主要原因

在我国农业活动中,造成农业面源污染原因有很多,其中主要原因有:

- **农药化肥的过量使用且利用率低** 我国化肥和农药利用率都比较低,如氮肥利用率仅为30%~40%、磷肥利用率才为10%~20%,农药利用率也仅为30%~40%。

> **小资料** 我国年使用化肥约为4 124万吨,平均400公斤/公顷以上,远高于发达国家225公斤/公顷的警戒线。年使用农药至少1 200万吨,平均14公斤/公顷以上,居然是发达国家的1倍还多。

- **农业水土流失加剧** 我国每年流失地表土至少50亿吨,其中有75%来自农田和林地,数百万吨的氮、磷、钾进入湖泊、水库、河流和滨海等水体中,造成极大的浪费和严重的污染。

- **规模化养殖业发展快,有机废气物处理利用率低** 目前我国已经成为世界最大的畜牧业生产国。但由于没有相应严格的环境管理,畜禽粪便大多未经任何无害化处理就直接排入地表水,这些畜禽粪便携带大量的病原微生物和含氮、磷物质等进入江河湖泊,不仅造成了土壤板结、地力下降、生态破坏、农产品质量下降等直接影响农业可持续发展的环境后果,而且对大气、水、土壤等环境介质的污染程度不断加剧以及对人体健康的直接威胁,更是我国水体富营养化的主要污染源。

- **农村生活垃圾污水、农业废弃物处理排放不当** 我国每年有6.5亿吨秸秆，约有2/3被无谓焚烧或变成有机污染物。大部分秸秆采取焚烧方式，既浪费资源又影响大气环境。农作物秸秆量大面广，焚烧和废弃率高。大量的秸秆被焚烧或抛弃于河沟渠或道路两侧，污染大气和水体，影响农村的环境卫生。

 事故案例

◆ 2007年6月，持续高温天气致使太湖蓝藻暴发。在无锡市鼋头渚风景区，太湖边上积聚了大量的"蓝藻板块"，部分水域漂满了厚厚的蓝藻，发出一股股浓烈的腥臭味。太湖蓝藻危机给无锡老百姓的生活带来了巨大的影响。

◆ 据悉，蓝藻主要是由于有机污染、农业污染和生活污染所致。化肥、水产品饲料进入水体，成为蓝藻生长所需的养分。

 治理对策

高度重视农业面源污染问题，在全国推进农业面源污染治理的步伐，逐步减轻农业面源污染对我国农业及社会经济发展的负面影响，创造社会经济可持续发展的良好环境，具有重要的现实意义和长远的社会意义。治理农业面源污染具体措施有：

- **农村污染无害化处理和资源化利用** 如污水生态处理、秸秆或生活垃圾沼气处理等。
- **在农业病虫害防治方面，提倡综合防治** 综合防治主要包括：利用耕作、栽培、育种等农事措施来防治农作物病虫害；利用生物技术和基因技术防治农业有害生物；

应用光、电、微波、超声波、辐射等物理措施来控制病虫害等。

- **改进农业生产运作方式** 改革农业生产运作模式，推广清洁生产技术。如，推广科学施肥，从技术上指导农民严格控制氮肥的使用量，平衡氮、磷、钾的比例，减少流失量。最大限度地将畜禽粪便等有机肥料用于农业生产，并实现以沼气为纽带的畜禽粪便的多样化综合利用。另外，对规模化养殖业制定相应的法律法规，提倡"清污分流，粪尿分离"的处理方法。在粪便利用和污染治理以前，采取各种措施，削减污染物的排放总量。

话题3 农业生产与食品安全

食用农产品安全

安全的食用农产品，是指食用农产品中不应含有可能损害或威胁人体健康的因素，不应导致消费者急性或慢性毒害或感染疾病，或产生危及消费者及其后代健康的隐患。

目前我国食用农产品安全存在的主要问题，大致可以分为兽药或农药残留超标、动物疫病、环境因素造成的有毒有害物质超标及人为的掺杂使假问题。

食品安全

- **数量安全** 指国家或社会的食物保障，即是否具有足够的食物供应。数量安全以不影响社会、经济发展运行为底线，即有效供给保障，主要指粮食生产量超过消费量，同时也包括肉食、蔬菜、水果等产品能满足消费者的数量要求。

- **质量安全** 是指食品无毒、无害，符合应当有的营养要求，对人体健康不造成任何急性、亚急性或者慢性危害。根据世界卫生组织的定义，食品安全是"食物中有毒、有害物质对人体健康影响的公共卫生问题"。对于消费者来说，食品最重要的是安全，其次才是营养。不符合质量标准和卫生标准要求的食品不具有安全性，这样的食品不仅不能促进身体健康，而且还会对身体造成损害，甚至危及生命。
- **生态安全** 指生产对环境造成的污染等。

农业生产对食品安全的影响

- 农业种植领域污染严重，影响食品安全。
- 养殖领域饲料引发食品安全事故。
- 农产品在流通过程中产生二次污染。

事故案例 某生物肥料公司，在广西利用煤矸石粉作原料，制成"生物有机肥"，并在南宁市某蔬菜基地推广应用。广西分析测试中心抽查该蔬菜基地生产的菜心，检测出铬超标7倍，跟踪抽检该基地使用的"生物有机肥"，检测出铬超标270倍。使用该"生物有机肥"，不仅生产出来的农产品重金属严重超标，同时也污染了产地环境。

食用农产品生产安全的建议

- 广泛宣传教育，营造生产安全食品的社会氛围。

- 加强对农民的宣传和教育,让农民认识到过量施用化肥、农药的危害。
- 加大农业科技投入,减少化肥、农药的施用量,抓食品安全。
- 发展有机农业,生产绿色食品和有机食品。

小知识　食物安全食用小方法

◆ 食物一旦煮好应立即吃掉。

◆ 食品,特别是家禽、肉类等,必须彻底煮熟才能食用。

◆ 应选择已加工处理过的食品,例如,选择已消毒的牛奶,而不是生牛奶。

◆ 食物存放15小时以上,应在高温(接近或高于60℃)或低温(接近或低于10℃)的条件下保存。

◆ 存放过的熟食必须重新加热(不低于70℃)才能食用。

◆ 不要让未煮熟的食品和煮熟的食品相互接触。

◆ 保持厨房清洁。烹饪用具、刀叉餐具等都应用干净的抹布擦净,抹布的使用不应超过一天,下次使用前应把抹布在沸水中煮一下。

◆ 处理食物前先洗手。

◆ 不要让昆虫、鼠、兔等其他动物接近食品,动物通常都带有致病微生物。

◆ 饮用水及准备做食品时的水应干净。

农业生产与食品安全相关法律法规

- 《中华人民共和国农业法》(2002年12月28日主席令第八十一号)
- 《新资源食品管理办法》(2007年7月2号卫生部令

第56号)
- 《中华人民共和国食品安全法》(2009年2月28日主席令第九号)
- 《中华人民共和国食品安全法实施条例》(2009年7月8日国务院令第557号)
- 《农业生产安全事故报告办法》(2009年12月3日农办发18号)
- 《食品安全风险评估管理规定(试行)》(2010年1月21日卫生部8号)

第二讲

大田作物栽培

话题1 种子的选择和加工

种子购买注意事项

农业增产增收,首先取决于要购买到优良、纯正的种子,避免上当受骗。购买种子时要先学会以下几点:

- **选择合法种子经营单位** 要到具有合法种子经营单位购买良种,不能为了贪便宜到执照不全或无执照的非法单位购买。

> 合法种子经营单位指有种子经营许可证、经营种子营业执照的单位。

- **购买有包装的种子** 种子必须加工、分级、包装才能向农民销售。散装种子容易被不良商贩掺杂作假,且事后追偿也困难。因此,千万不要为图便宜而吃大亏。

- **学会看标签** 种子标签必须标明产地、种子经营许可证编号、质量指标(纯度、净度、发芽率、水分等)、检疫证明编号、净含量、生产年月、生产商名称、生产商地址以及联系方式等。如果标签内容不全,质量是无法得到保证的。

> **专家提示** 主要农作物，如水稻、玉米、花生、大豆等种子标签还要注明种子生产许可证编号和品种审定编号。如果是进口种子，应当注明进口商名称、种子进出口贸易许可证编号和进口种子审批文号。

- **要学会利用自己的权利** 农民有权根据自己的意愿购买种子，任何单位和个人不得干预。付钱的同时别忘了索取购种发票，要清楚写明所购种子的品种、名称、数量和价格。
- **妥善保管相关物品** 种子使用后要保管好所购种子的包装、标签、品种说明书和发票，并留下少量种子（至少1小包没打开过的）保存，直至收获后，以备出现问题时用于检验和鉴定。

种子出现质量问题的解决途径

播种后，因为种子质量原因而引起出苗率低、产量低等后果，要保护好现场，不要随意将作物拔掉。应及时与经营单位联系反映情况，经证实是质量问题的可要求赔偿。如经营单位不理睬、态度不积极或赔付不合理，应及时向当地种子管理部门、工商机关、消费者协会投诉，直至向法院起诉，进行仲裁检验。

> 提示：农民发现损失后，不得放弃田间管理。民法规定，当事人如发现损失后不认真管理，损失进一步扩大，由当事人自己负责。

种子包衣技术简介

种子包衣技术是将种子与特制的种衣剂按一定"药种比"充分搅拌混合,使每粒种子表面均匀地涂上一层药膜(不增加体积),形成包膜种子。

种子包衣技术的优点:

- 确保苗全、苗齐、苗壮。
- 省种省药,降低生产成本。
- 有利于保护环境。
- 有利于提高种子商品性。
- 对于籽粒小且不规则的种子,经过处理后,可使种子体积增大,形状、大小均匀一致,有利于机械化播种。

> 提示:棉花种子包衣前必须经过硫酸脱绒,发芽率高于85%,破损率低于3%,残酸量小于0.15%。

种子包衣技术要点

1. 包衣种子应具备的条件

- 种子必须是经过精选、浸选的优良品种。
- 种子的成熟度、纯净度、发芽率、破损率必须符合良种标准。

2. 因地因需选用种衣剂型

根据不同地区不同作物,及多年研究和示范经验,选择合适的种衣剂型。

3.种子包衣方法

（1）机械包衣

采用特定的机械进行种子包衣，包衣机械有计量系统，根据包衣机和种衣剂两个使用说明，按包衣比例调好计量装置，按包衣机的操作步骤进行即可。

（2）人工包衣

- **塑料袋包衣法** 将两个大小相同的塑料袋套在一起，称取一定比例的种子和种衣剂装入袋内，扎上袋口双手快速搓揉，拌匀后倒出，留种待用。

- **铁锅或大盆包衣法** 先将锅或盆固定，将按比例称好的种子和种衣剂倒入锅或盆内，用木锨或双手（戴橡胶手套）快速翻动，拌匀后了取出晾干备用。

种子包衣时的注意事项

- 不宜浸种催芽。因为种衣剂溶于水后，不但会使种衣剂失效，而且浴十水的种衣剂还会对种子的萌芽产生抑制作用。
- 种衣剂不能与敌稗类除草剂同时使用。
- 种衣剂不能与碱性农药、肥料同时使用，不能在碱性很重的土壤上使用，否则种衣剂容易分解失效。
- 不宜用于低洼易涝地。因为包衣种子在高水低氧的土壤环境条件下使用，极易出现酸败腐烂现象。

话题2　肥料农药　谨慎购买

 **肥料种类**

肥料对于庄稼的作用就像饭对于人一样重要。所以，

肥料在农业种植生产中占有很重要的地位。肥料的种类有很多,大致可以分成有机化肥、化学肥料两大类:

> 与肥料有关的农谚:
> ◆ 人勤无粪土,种地枉费苦
> ◆ 肥满田,粮满仓,田里无肥仓无粮
> ◆ 人靠地养,苗靠肥长
> ◆ 粪是地里的金,水是地里的银

表2—1　　　　　有机肥料与化学肥料的比较

有机肥料	化学肥料
含有一定数量的有机质,有显著的改良土壤作用	只能供给作物矿质养分,不含有机物质,一般没有直接的改良土壤作用
含养分种类多,但养分含量低	养分含量高,但养分种类比较单一
供肥时间长、肥效缓慢	肥效快、供养分数量多,但肥效不能持久
既能促进作物的生长,又能保水保肥,有利于化学肥料发挥作用	含养分浓度大,容易挥发、淋失或发生强烈的化学固定,肥效明显降低

化肥真假鉴别

目前,化肥市场品种繁多,一些投机商人为了牟取暴利,以次充好,以假乱真,不择手段地变换花样,欺骗农民。为了帮助农民买到货真价实的化肥,现介绍一些简单的化肥真假辨别方法。下面将识别肥料真伪的方法概括为五个字:"看、摸、嗅、烧、溶。"

1. 看

(1) 从包装上鉴别
- 检查标志。
- 检查包装袋封口。

(2) 从形状和颜色上鉴别

表2—2　　　　　　　　不同肥料的鉴别

化肥种类	形状	颜色
氮肥 (除石灰氮)	多为结晶体	多为白色,有些略带黄褐色或浅蓝色(添加其他成分的除外)
钾肥	多为结晶体	白色或略带红色,如磷酸二氢钾呈白色
磷肥	多为块状或粉末状的非结晶体	多为暗灰色,如过磷酸钙、钙镁磷肥是灰色,磷酸二铵为褐色等
复合肥	颗粒均一,表面光滑,不易吸湿和结块	颜色十分均匀,没有明显的色差

2. 摸

将化肥放在手心,用力握住或按压、转动,根据手感来判断肥料。抓一把肥料用力握几次,有"油、湿"感的即为正品,而干燥如初的则很可能是冒充的。

3. 嗅

通过化肥的特殊气味来简单判断。如碳酸氢铵有强烈氨臭味；硫酸铵略有酸味；过磷酸钙有酸味。而假冒伪劣肥料则气味不明显。

4. 烧

- 氮肥：碳酸氢铵，直接分解，发生大量白烟，有强烈的氨味，无残留物；氯化铵，直接分解或升华发生大量白烟，有强烈的氨味和酸味，无残留物；尿素，能迅速熔化，冒白烟，投入炭火中能燃烧，或取一玻璃片接触白烟时，能见玻璃片上附有一层白色结晶物。

> 提示：将化肥样品加热或燃烧，从火焰颜色、熔融情况、烟味、残留物情况等识别肥料。

- 磷肥：过磷酸钙、钙镁磷肥、磷矿粉等在红木炭上无变化；骨粉则迅速变黑，并放出焦臭味。
- 钾肥：硫酸钾、氯化钾、硫酸钾镁等在红木炭上无变化，发出"噼啪"声。
- 复混肥料燃烧与其构成原料密切相关，当其原料中有氨态氮或酰氨态氮时，会放出强烈氨味，并有大量残渣。

5. 溶

取化肥1克，放于干净的玻璃管（或玻璃杯，白瓷碗中），加入10毫克干净的凉开水，充分摇动，看其溶解的情况，全部溶解的是氮肥或钾肥，溶于水但有残渣的是过磷酸钙；溶于水无残渣或残渣很少的是重过磷酸钙；溶于水但有较大氨味的是碳酸氢铵；不溶于水，但有气泡产生并有电石气味的是石灰氮。

专家提示 有些肥料虽是真的，但含量很低。如过磷酸钙的有效磷含量低于8%（最低标准应达12%），则属于劣质化肥，对作物肥效不大。如果遇到这种情况，可采集一些样品（500克左右），送到当地有关农业、化工或标准部门进行真假化肥的简易鉴别。

购买化肥注意事项

- 首先要选择正规企业的产品，并要在正规企业的销售处或合法经销单位购买，不要贪图便宜，购买价格过低的肥料。

- 要查看肥料包装标识，特别要注意查看有无生产许可证、产品标准号、农业登记证号，要查看产品质量证明书或合格证，以及生产日期和批号、生产者或经销者的名称、地址，产品要有使用说明书。

- 肥料产品标识要清楚规范，不允许添加带有不实或夸大性质的词语，如"肥王""全元素"等。选择的肥料产品，外观应颗粒均匀，无结块现象，且不要购买散装产品。

- 购买肥料要索要收据（发票）、信誉卡。肥料施用后保存肥料包装，以便出现纠纷时作为证据和索赔依据。

农药分类

- **根据原料来源** 分为有机农药、无机农药、植物性农药、微生物农药。此外，还有昆虫激素。

- **根据加工剂型** 分为粉剂、可湿性粉剂、可溶性粉剂、乳剂、乳油、浓乳剂、乳膏、糊剂、胶体剂、熏烟剂、熏蒸剂、烟雾剂、油剂、颗粒剂、微粒剂等。

● **根据农药形态** 农药大多数是液体或固体，少数是气体。

专家提示 全面禁止使用的农药

六六六（HCH），滴滴涕（DDT），毒杀芬，二溴氯丙烷，杀虫脒，二溴乙烷（EDB），除草醚，艾氏剂，狄氏剂，汞制剂，砷、铅类，敌枯双，氟乙酰胺，甘氟，毒鼠强，氟乙酸钠，毒鼠硅，甲胺磷、对硫磷、甲基对硫磷、久效磷和磷胺。

农药真假判别

要安全有效地使用农药，首先要选购合适的农药，如果选择不恰当，不但达不到防治病、虫、草等危害的目的，而且是一种浪费，甚至可能使植物产生药害，严重的则会造成环境和食品污染，给人类带来威胁。选购农药要注意认真识别假冒劣药。

1. 从产品标签上判别

国家农药登记管理部门对农药标签内容有明确规定，一个完整的农药标签应包括农药名称、规格、"三证"号、净重或净容量、生产厂名、地址、邮编和电话、使用说明、毒性标志、注意事项、生产日期或批号等内容。缺少任何一项内容，都应对其质量表示怀疑。

专家提示 农药常存在的标签问题

◆ 擅自使用未经批准的商品名称或假冒其他商品名称；擅自修改商品名称，尤其是混配制剂农药产品；商品名称怪、乱、杂。

◆ 无农药登记证号或一证多用，假冒、仿造、转让农药登记证号。

◆ 剧毒、高毒或中等毒的农药产品未注明"剧毒""高毒"或"中等毒"字样或擅自降低标注毒性标志，有的只注明"有毒"二字；无农药类别特征颜色标志带；没有中毒急救措施，以致中毒后无法进行急救处理。

◆ 未标明企业名称、地址、生产日期或生产批号。

◆ 把产品效能宣传得很神奇，夸大使用效果，如使用保证高效、无残留、无公害等字样；采用一些误导、欺骗性的标志。

2. 从产品包装上判别

发现农药产品包装破损、渗漏或包装表面残旧、字体模糊时，也应对其产品质量表示怀疑。

3. 从产品外观上判别

● 粉剂、可湿性粉剂如果有结块，表示已经受潮，不仅细度达不到要求，有效成分含量也可能下降。

● 粉剂、可湿性粉剂如有较多颗粒感觉，一般是细度达不到要求。

● 粉剂、可湿性粉剂如色泽不均匀，也可能存在质量问题。

● 乳油如有分层和混浊，可能已经变质。

● 乳油加水乳化后如乳液不均匀或有浮油、沉淀，则表示质量有问题。

- 悬浮剂摇动后仍有结块现象也表示存在质量问题。放置半小时内有沉淀、有分层表示存在质量问题。
- 颗粒剂如色泽不均匀,也表示存在质量问题。

话题3　科学施肥　合理用药

科学施肥要诀

1. 一个施肥原则要坚决贯彻

有机肥料与化学肥料配合施用。二者配合施用可以取长补短,增进肥效。这是我国肥料技术政策的核心内容,也是建设高产稳产农田的重要措施。

2. 两个养分平衡要切实做到

- 氮、磷、钾养分之间的平衡;
- 大量营养元素与中、微量营养元素之间的平衡。

在养分平衡供应的前提下,才能提高肥料利用率,增进肥效。平衡施肥是配方施肥的发展,是合理施肥的重要内容。

3. 三种施肥方式要灵活掌握

基肥、种肥、追肥。

基肥为作物整个生长期间提供良好的营养条件,尤其是满足作物中、后期对磷、钾养分的需要;种肥解决苗期营养不足问题,特别是磷营养临界期,促进壮苗;追肥为了解决作物需肥与土壤供肥之间的矛盾,是协调作物营养的重要手段。一个完整的作物施肥方案是由基肥、种肥和追肥组成的。但要根据具体情况灵活掌握,不要强求一致。

> 提示:两熟制地区的夏玉米,为了抢种来不及施基肥,只能早施、重施追肥。"一炮轰"或"一次施"不能一概而论,干旱少雨地区肥料可以一次性做基肥。

4. 六项施肥技术要综合运用

(1) 肥料种类或品种

- 要根据化肥性质施于不同的土壤和作物上。
- 要根据土壤条件(如旱地和水田)合理施用化肥。
- 要根据作物营养特性选用适合的化肥。

(2) 施肥量

- 要用科学的方法确定施肥量,因为它是施肥技术的核心。

> 施肥量是施肥技术的核心。

- 施肥量偏高,会造成浪费;施肥量偏低,难以发挥土地的增产潜力。
- 施肥量太大,肥料利用率必然降低,肥效差,同时也是造成环境污染的根本原因。

(3) 养分配比

- 养分配比失衡是指施肥的养分比例不符合土壤供肥状况,从而难以协调作物的营养需要。
- 平衡施肥的最大特点是养分配比适当,可以充分发挥肥料的增产效益。
- 养分配比应随条件(特别是土壤速效磷积累)变化

作适当调整。

- 高产田调整养分配比比增加施肥量更重要。

（4）施肥时期

- 营养临界期：一般在苗期。
- 营养最大效率期：一般在旺盛生长期，如小麦在拔节期，玉米在大喇叭口期，棉花在开花结铃期。

（5）施肥方法

- 大田作物施肥方法有：撒施、条施、穴施、根外追肥、蘸秧根等。此外，果树还可采取环状、半环状和放射状沟施等。
- 铵态氮肥和尿素均应深施覆土，才能减少氮的挥发损失；磷肥一般应深施，采取集中施用可减少土壤的化学固定。
- 密植作物难以做到深施覆土，可撒施后及时浇水。

（6）施肥位置

- 原则：肥料应施在根系分布较多的湿润土层，有利于根系吸收养分。
- 对于中耕作物，氮肥应施在植株侧下方，将肥料施于植株基部是不对的。
- 对于垄作作物，肥料条施后起垄栽培，即下位施肥。

 专家提示　干旱情况下，科学施肥应遵守的原则：

- ◆ 一次施肥量不宜过大；
- ◆ 肥料深施，以水压肥；
- ◆ 注意肥料合理搭配，尤其是钾肥、硼肥。

测土配方施肥介绍

测土配方施肥是以土壤测试和肥料田间试验为基础，根据作物需肥规律、土壤供肥性能和肥料效应，在合理施用有机肥料的基础上，提出氮、磷、钾及中、微量元素等肥料的施用数量、施肥时期和施用方法。通俗地讲，就是在农业科技人员指导下科学施用配方肥。

 实施测土配方施肥的步骤

> 测土配方施肥技术包括："测土、配方、配肥、供应、施肥指导"五个核心环节、九项重点内容。

- **田间试验**　获得不同作物在不同生长时间段的最佳施肥量、施肥时期和施肥方法，构建作物施肥模型。
- **土壤测试**　通过开展土壤氮、磷、钾及中、微量元素养分测试，了解土壤供肥能力状况。
- **配方设计**　总结田间试验、土壤养分等的数据，同时根据地区的气候、地貌、土壤、耕作制度等相似性和差异性，结合专家经验，提出不同作物的施肥配方。
- **校正试验**　以当地主要作物及其主栽品种为研究对象，对比配方施肥的增产效果，校验施肥参数，验证并完善肥料配方，改进测土配方施肥技术参数。
- **配方加工**　目前不同地区有不同的模式，其中最主要的是市场化运作、工厂化加工、网络化经营。
- **示范推广**　建立测土配方施肥示范区，创建窗口，树立样板，全面展示测土配方施肥技术效果。

- **宣传培训** 通过宣传培训使农民掌握科学施肥方法和模式。
- **效果评价** 检验测土配方施肥的实际效果，及时获取反馈信息，对一定的区域进行动态调查。
- **技术创新** 农技人员重点开展田间试验方法、土壤养分测试技术、肥料配制方法、数据处理方法等方面的创新研究工作，不断提升测土配方施肥技术水平。

 专家提示 科学施用化肥有"十忌"

◆ 一忌碳铵表施。

◆ 二忌碳铵在室温和大棚内撒施。

◆ 三忌铵态氮肥与碱性肥料混施。

◆ 四忌硫酸铵长期、连年施用。

◆ 五忌硝态氮肥在稻田施用。

◆ 六忌尿素施用后立即浇大水。

◆ 七忌水溶性磷肥分散施。

◆ 八忌钾肥拖到作物生长后期施。

◆ 九忌含氯化肥在盐碱地和对氯敏感作物上施用。

◆ 十忌高氯复合肥大量用于豆科作物。

> 化学肥料施用上的"十忌"是从化肥性质的角度提出的，农民朋友应努力做到。

 合理用药应注意的原则

合理使用农药要做到安全、有效、经济。即在掌握农药性能的基础上，科学使用，充分发挥其药效作用，既有效防治病、虫、草害，又保证人、畜、作物及其他有益生物的安全。合理使用农药，应注意掌握以下几个原则：

- **对症下药，明确防治对象** 选择农药时，要弄清防治对象的种类、危害特点，以及农作物的品种、生育时期等。在弄清了防治对象之后，再选择出适宜的农药品种。

- **搞好病虫调查，抓住关键时期施药** 施前一定要进行病虫调查，掌握防治时期，在最佳防治时期施药。施药过早，药效与病虫防治期不吻合，起不到控制危害的作用。施药晚了效果差，不仅起不到控制作用而且造成农药浪费。

- **不能随意增加用药量或加大用药的浓度** 很多农民错误地认为，增加用药量或加大用药浓度防效就会提高，因此，不按说明要求而随意增加用药量的现象普遍存在。此外，农民在配药时不用量具，只用瓶盖随意量取，缺乏数量概念，造成使用药量大大超标。这样做不仅造成浪费，同时也容易产生药害，环境遭到严重污染，危害人、畜安全。

  > 提示：喷药应把握好"火候"。

- **不能长期单一使用一种农药** 在使用农药的过程中，不能一旦发现某种农药防效好，就长期连续使用，即使防效下降也不更换。认为防效下降就是农药含量低了，没有认识到这是长期使用一种农药造成的后果。

- **混合使用农药，注意合理搭配** 应选用作用机制不同的农药交替使用或根据农药的理化性质合理混配使用，这样不但能提高防治效果，还能延缓病虫抗药性的产生。

专家提示 混配农药要注意以下问题：
- ◆ 农药混合后的药效提高的或效果互不影响的，可以混用；
- ◆ 农药混合后对农作物产生药害的不能混用。

- **注意农药的安全间隔期** 安全间隔期内禁止施药。安全间隔期的长短与农药种类、剂型、施药浓度等因素有关。在使用过程中，千万不要超过标准中规定的最高施药量，做到用药量适宜，要尽量减少用药次数，在病虫发生严重的年份，按标准中规定的最多施药次数还不能达到防治要求的，应更换农药品种，切不可任意增加施药次数。

 ### 喷药时应采取的安全措施

- 施药人员要加强重点部位的防护，穿长衣长裤，手足涂肥皂，颈系干毛巾；喷粉时要戴好防风镜和口罩。
- 施药前检查喷药器械是否完好，防止药水泄漏。
- 喷头要尽量保持水平。在微风条件下，喷头靠近作物顶部，相距0.5米以内，可以稍稍上翘，仰角只可在$5°\sim15°$。
- 施药方向要与风向一致或稍有倾斜，施药员行进方向要与风向垂直。下风一侧的手持喷管把，使喷头对着下风头喷药，药液自然顺风飘移。
- 施药时，施药者禁止吸烟、饮水、进食；施药结束后要及时漱口、沐浴更衣。
- 施药人员在田间喷药的实际工作时间每天一般不超过6小时；连续施药3~5天后休息1天。施药时间较长时，要 2~3 人轮换操作。

• 操作人员如果有头痛、恶心、头昏、呕吐等症状时，应立即离开施药现场，脱去污染的衣服，漱口，洗手、脸和皮肤等暴露部位，及时送医院治疗。

• 体弱多病者，患皮肤病和农药中毒及其他疾病尚未恢复者，哺乳期、孕期妇女，皮肤损伤未愈者，不得喷药。喷药时儿童不可进入作业地点。

话题 4　土壤改良　充分利用

土壤改良的原因

土壤是农业生产的根本所在，土壤为农作物提供了正常生长所需的营养元素。但是人们不合理的使用，使土壤受到破坏甚至污染，进而导致农产品品质恶化，并导致农产品的减产。所以，农民朋友需要针对土壤的不良性状，采取相应的措施，改善土壤性状，提高土壤肥力，增加作物产量，改善人类的生存环境。

盐碱地土壤改良方法

各种农作物对土壤中酸碱度都有一定的适应范围。土壤中盐类含量过高，对农作物有害。因此，在盐碱地栽植农作物必须进行土壤改良。改良措施如下：

• **设置排灌系统**　改良盐碱地主要措施之一是引淡水洗盐。在田地内设排水沟与较大较深的排水支渠，排除盐碱，并定期引淡水进行灌溉，进行洗盐。当达到要求后，应注意生长期灌水压碱，并进行中耕、覆盖、排水、防止盐碱上升。

- **深耕施有机肥** 有机肥料提供农作物所需营养,并中和碱,可改良土壤,提高土壤肥力。
- **地面覆盖** 地面铺沙、盖草或其他物质,可防止盐碱上升。
- **中耕除草** 中耕可锄去杂草,疏松表土,提高土壤通透性,又可切断土壤毛细管,减少土壤水分蒸发,防止盐碱上升。
- **加入土壤改良剂** 常用的土壤改良剂有石灰、石膏、磷石膏、氯化钙、硫酸亚铁、腐殖酸钙等,根据土壤的性质而选择使用。如对碱化土壤需施用石膏、磷石膏等。对酸性土壤,则需施用石灰性物质。

 山区红黄壤改良方法

红黄壤广泛分布于我国长江以南丘陵山区。该地区高温多雨,有机质分解快、易淋洗流失,而铁、铝等元素易于积累,使土壤呈酸性反应,有效磷的活性降低。由于风化作用强烈,土粒细,土壤结构不良,水分过多时,土粒吸水呈糊状;干旱时水分容易蒸发散失,土块又易紧实坚硬。改善红黄壤应采取如下措施:

- 做好梯田、撩壕等水土保持工作。
- 增加有机肥料,是改良土壤的根本性措施,如增施厩肥,大力种植绿肥等。

提示: 果园施用石灰的最佳时期在种植豆科绿肥作物约30天之前一段时间。

● 施用磷矿粉和石灰。施用磷肥增加土壤中磷素的量，目前多用微碱性的钙镁磷肥。施用石灰可以中和土壤酸度，改善土壤。

沙荒及荒漠土改良

黄河故道地区的沙荒地，其组成物主要是沙粒，其矿物质养分少。沙粒导热快，夏季土壤温度高，冬季冻结厚。地下水位高，易引起涝害。因此，改土措施主要是：

● 开排水沟降低地下水位，洗盐排碱；
● 培泥或破淤泥层；
● 深翻熟化，增施有机肥或种植绿肥；
● 营造防护林，还可试用天然土壤结构改良剂，如魔芋淀粉等。

土壤降污改良

土壤被污染后很难治理，但对于已经污染的土壤，一般可采取生物修复、使用土壤改良剂、增施有机肥、调控土壤灌溉条件、改变作物轮作制度和换土或翻土等措施进行改良。

小资料 生物有机肥能明显减少苹果根系对铜和镉的吸收，明显减轻铜和镉对土壤微生物的伤害；硫化钠可明显降低蔬菜中铜、铅、砷、镉等金属总浓度，石灰和厩肥也有效果；土壤改良剂对降低蔬菜中不同重金属浓度、活性具有选择性；硫化钠、石灰和厩肥对降低蔬菜的铅、砷浓度效果比较好，对降低蔬菜铜、镉的浓度效果比较差。

话题5　病虫草害　科学防治

病虫草害的概念

病虫草害就是病害、虫害和草害的并称,是种植业的一大制约因素,它不仅影响农作物产量,且严重影响其品质。如果种植业受到其害,一般情况下农作物就会减产20%~30%。据专家估计,全国每年因病虫草害损失的粮食够一亿人吃一年;仅草害一项每年将损失达100亿元。

作物受害后会出现的不正常现象

农作物的病害极其繁多,常见粮食作物、经济作物、蔬菜类作物、果树、药用作物、花卉作物等的病害有800多种,农作物受害后常常表现:

- 颜色改变,如叶片由绿色变成绿黄相间的花叶或全部发黄;
- 组织坏死,如在农作物叶片上产生各种各样的病斑;
- 萎蔫,如植株不挺直、不伸展;
- 畸形,即形状改变,如叶皱缩、变形,根部有肿瘤或根结,枝条又细又多。

科学防治病虫草害

要从根本上解决病虫草害问题,需要考虑科学防治,即"预防为主,综合防治"。

所谓"预防为主",就是要在病虫草害发生危害前,就采取适当措施，使病虫草害不能发生或不可能大发生，保护作物免遭损失或少受损失。所谓"综合防治"，就是在作物种植的每一个环节，将栽培的、生物的、物理的、化学的各种防治方法互相协调、因地制宜地采用几种方法进行防治，以达到经济、安全、快速、高效地防治病虫害的目的。

 做好病虫草害的预测预报工作

各种作物病虫草害的发生都有其固有的规律和特殊的环境条件。因此，抓好作物生产，应根据作物病虫草害发生的特点和所在地区的环境条件，结合田间调查和天气预报情况，科学地分析各种影响因素，准确地对病虫草害发生的趋势进行预测预报，以指导生产上及时做好防治工作。

> **专家提醒** 在干旱条件下，菜田易发生蚜虫、白粉虱和红蜘蛛，同时也会导致昆虫传播的病毒病的流行；如遇高温天气或昼夜温差大，作物叶片易积累水膜或水珠，作物则易患霜霉病、灰霉病、菌核病等。

 防治方法

1. 农业防治方法

可采用合理布局、选用抗病虫良种、建立无病留种田、培育无病虫壮苗、调节播种期和收获期、轮作和套作、合理安排茬口、科学肥水管理和清洁田园等措施。

2.化学防治方法

化学防治是利用化学农药防治作物病虫草害,通过化学药剂杀死或抑制病虫草害的扩展,使其不能蔓延危害,以保证作物获得丰收。

小资料 棉苗病虫害的防治

病害:棉花立枯病、炭疽病、猝倒病是造成棉苗成片死苗的主要病害。

防治方法:

◆ 包衣棉种消毒处理;

◆ 用2.5%适乐时种衣剂10毫升兑水5公斤,浇10平方米的苗床,或用10毫升兑水10公斤在苗期喷雾;

◆ 用恶霉灵30%水剂1 000~1 500倍液在苗期喷雾或灌根;

◆ 多菌灵或甲基托布津喷雾;

◆ 棉花专用土壤消毒肥拌土制营养钵。

虫害:主要是地老虎、蚜虫。蚜虫很易防治,对地老虎等地下害虫:

◆ 地特灵颗粒剂400~600克,拌土做钵2 500~3 000个。

◆ 卡本斯40%乳油1 000倍液于苗期喷雾。

3.物理防治方法

● **变温处理** 如利用温汤浸种和变温处理种子,可以杀灭或减少混在种子中或依附在种子表面的病菌、虫卵等,同时有利于促进作物植株健壮生长。

- **推广作物嫁接技术** 通过嫁接，可增强蔬菜植株的抗病能力，是预防病虫害的有效措施。例如，可用黑籽南瓜嫁接黄瓜，不仅能抗枯萎病，同时还可兼防疫病、白粉病，而且嫁接的植株耐寒，生长旺盛，易获得优质高产。

4. 生物防治方法

- 保护利用田间原有天敌，包括有益的鸟类、青蛙、蜘蛛、昆虫、线虫、微生物等。
- 从外地引进天敌，进行繁殖和释放，以加强对病虫害的控制力度。例如，在温室大棚内释放赤眼蜂防治菜青虫、烟青虫、棉铃虫。
- 推广生物农药和抗生素类药剂的使用。应用植物病毒弱毒株系 N_{14}、卫星核糖核酸 S_{52} 防治青椒、番茄等蔬菜病毒病；农抗120和武夷菌素防治白粉病、炭疽病、叶霉病；农抗751、菜丰宁防治白菜软腐病。
- 利用植物生长调节剂调节作物的生长发育，促使作物生长健壮，增强抗病能力。合理使用乙烯利、B_9、矮壮素、多效唑等植物生长调节剂，可使蔬菜植株生长加快。达到抗病、增产、早熟的效果。

话题6　作物秸秆　科学利用

 农作物秸秆需要处理的原因及处理原则

我国是农业大国，也是秸秆资源最为丰富的国家之一。近年来传统的秸秆利用途径发生了历史性的转变。一方面，科技进步为秸秆利用开辟了新途径和新方法；另一方面，农业主生产区秸秆资源大量过剩问题日趋突出,农民就地焚烧秸秆带来的资源浪费和环境污染问题,引发了全社会的关注。

农作物秸秆含有丰富的营养和可利用的化学成分,可用作饲料、化肥、生活燃料及工、副业生产原料。因此农作物秸秆处理应遵循以下原则:

- 资源化原则;
- 因地制宜原则;
- 可持续发展原则。

农作物秸秆利用技术

1. 秸秆还田技术

(1) 秸秆覆盖还田技术

这种方式是将秸秆粉碎后或整株直接覆盖在地表面。这样可以减少土壤水分的蒸发,达到保墒的目的,秸秆腐烂后还能增加土壤有机质。秸秆覆盖一般有以下几种方式:

- **直接覆盖** 秸秆直接覆盖与免耕播种相结合,蓄水、保水和增产效果明显,生产工序少,生产成本低,便于抢农时播种,但作业技术要求高。整株覆盖比较适合干旱地区及北方地区的小面积人工整株倒茬间作。

- **高留茬覆盖还田** 小麦、水稻收割时留茬20~30厘米,还田量约为2 250公斤/公顷,施氮肥150~225公斤/公顷,然后用拖拉机犁翻入土中,实行秋冬及早春保墒。

> **案例** 2003年，山西省临汾市秸秆覆盖还田面积达4万余公顷，平均提高粮食产量10%~15%，降低生产成本225~300元/公顷，有效地防止了农作物秸秆焚烧，改善了生态环境，减轻了农民负担，增加了农民收益。

- **带状免耕覆盖** 用带状免耕播种机在秸秆直立的状态下直接播种。带状免耕秸秆覆盖是示范推广的新型保护性耕作技术，作业形成带状免耕集垄覆盖、垄际耕作播种，适应性强，生产工序少，生产成本低，应用效果好。
- **浅耕覆盖** 用旋耕机或旋播机对秸秆覆盖地进行浅耕地表处理。

（2）秸秆粉碎翻压还田技术

机械化秸秆粉碎直接还田技术，就是用秸秆粉碎机将摘穗后的玉米、高粱及小麦等农作物的秸秆就地粉碎，均匀地抛撒在地表面，随即翻入土壤里，不但增加了土壤有机质的含量，培肥了地力，而且改良了土壤结构，减少病虫害。

- **适用条件** 华北地区除高寒山区，绝大部分地区可采用秸秆直接粉碎翻压还田。水热条件好、土地平坦、机械化程度高的地区更加适宜。
- **技术要求** 要提高粉碎质量；配合施足速效氮肥；注意浇足踏墒水。

（3）堆沤还田技术

堆沤还田就是使农作物秸秆充分高温腐熟后，通过人为调节和控制，加入畜禽粪便和多种微量元素、生物素，加工生物有机肥还田。

- **使用条件** 此法就地取材，方法简单，适用于农民分散小规模应用。

(4) 过腹还田技术

这是一种效益很高的利用方式,即把口感差、消化率低的秸秆经青储、氨化和微储处理,改善秸秆的适口性,提高营养元素的利用率,经过畜禽过腹后,变为有机肥还田,形成粮食—秸秆—饲料—牲畜—肥料—粮食的良性循环。

> **案例** 山东省章丘市2006年新建青储池1.9万立方米,秸秆青储总容量达到100万立方米,秸秆过腹还田面积突破2万公顷。

2. 秸秆饲料化技术

秸秆用作饲料,历史悠久。但将秸秆不加处理作为唯一饲料使用,不能满足牲畜生理需要。秸秆饲料的来源广、种类多、数量大、价格低、含有植物光合作用积累一半以上的能量。作为非竞争性饲料资源,只要能够进行合理的加工调制,提高其消化能的摄入量,用来饲喂牛、羊等反刍家畜,仍然能够成为优质饲料源。常见的加工技术有:

- 改进的物理加工技术;
- 氨化处理技术;
- 生物处理技术;
- 热喷和膨化处理技术。

3. 秸秆栽培食用菌技术

农作物秸秆中含有食用菌生长所需的碳、氮及矿物质等营养素,通过机械粉碎就可以作为培养食用菌的基料。此项技术投资少、见效快、技术要求不高,不受季节和自然条件限制，能大量利用废弃秸秆并能获得较高收益，在我国已有较成熟的配方和管理工艺，生产品种主要有平菇、香菇、金针菇、白蘑菇、白木耳、黑木耳以及兼有药用价值的猴头菇、灵芝等20多种。

4. 秸秆其他利用技术

（1）秸秆能源化利用技术
- 秸秆生产沼气技术；
- 秸秆气化技术；
- 秸秆发电技术；
- 生物能源固化技术。

（2）秸秆工业化利用技术
- 秸秆造纸技术；
- 秸秆建材化利用技术；
- 秸秆生产包装材料技术；
- 秸秆生产一次性餐具技术；
- 秸秆生产淀粉技术。

话题7 农业机械 安全第一

农业机械种类

农业机械种类见表2—3。

表2—3　　　　　农业机械种类

农业机械类型	农机举例
动力机械	拖拉机、汽油机、柴油机等
收获机械	玉米收割机、棉花采收机、联合收割机等

续表

农业机械类型	农机举例
保护性耕作机械	秸秆还田机、深松机等
田间管理机械	中耕机、喷雾机、弥雾机等
设施农业机械	微耕机、土壤消毒机、育苗机等
耕耘和整地机械	犁、耙、耕整机、旋耕机等
农用工程机械	挖掘机、装载机、起重机、推土机等

农机驾驶不安全做法

- 不经磨合试运转就带负荷作业；
- 驾驶机车时吸烟和单手控制方向；
- 超载超速人货混装；
- 过度疲劳驾驶；
- 机车下坡空挡滑行；
- 排除故障时发动机不熄火；
- 脱粒作业时操作手擅离工作岗位；
- 短暂停车脚踩离合器不摘挡；
- 起步前猛轰油门。

常用农业机械安全使用知识

1. 拖拉机作业安全要求

- 发动机起动后，必须低速空运转预温，待水温升至60℃时方可负荷作业。
- 使用皮带轮时，主、从动皮带轮必须在同一平面，并使传动皮带保持合适的张紧度。
- 使用动力输出轴时，动力输出轴和后面农具间的连轴节应用插销紧固在轴上，并安装防护罩。

- 经常注意观察仪表，水温、油压、充电线路是否正常。
- 发动机冷却水箱"开锅"时，须停止作业使发动机低速空转，但不准打开水箱盖，不准骤加冷水。
- 发动机工作时出现异常声响或仪表指示不正常时，应立即停机检查。
- 发动机熄火前，应先卸去负荷，低速运转数分钟后才能熄火。不准在满负荷工作时突然停机熄火。
- 检查、保养及排除故障必须在切断动力，熄火停机后进行。
- 严禁超负荷作业。夜间作业照明设备必须良好。
- 不能在起步前猛轰油门。

 小资料　拖拉机安全作业口诀：

拖拉机、效率高、安全作业最重要；驾驶员、须培训、持证上岗要记牢。

拖拉机、上牌照、办理手续属正常；说明书、要细读、安全法规记心上。

上道路、听指挥、遵章守法安全保；下田前、细检查、技术状况要良好。

作业时、稳操作、驾机耕耙田间跑；转弯时、速度慢、机后农具要升高。

倒车时、看前后、注意人机不受伤；过田埂、走水沟、慢慢转移不要慌。

作业后、勤保养、确保机器无故障；拖拉机、作业忙、安全生产不能忘。

2.收割机作业安全注意事项

- 收割机作业前,须对道路、田间进行勘察,对危险路段和障碍物应设明显的标记。
- 在收割台下进行机械保养或检修时,须提升收割台,并用安全托架或垫块支撑稳固。
- 卸粮时,人不准进入粮仓,不准用铁器等工具伸入粮仓,接粮人员手不准伸入出粮口。
- 收割机带秸秆粉碎装置作业时,须确认刀片安装可靠,作业时严禁在收割机后站人。
- 长距离转移地块或跨区作业前,须卸完粮仓内的谷物,将收割台提升到最高位置予以锁定,不准用集草箱搬运货物。
- 收割机械要备有灭火器及灭火用具,夜间保养机械或加燃油时不准用明火照明。

农机维修安全事项

农民在修理农机时,由于缺乏安全意识,发生意外事故是很常见的。所以,一定加强自我安全意识。修理农机时,要预防以下几点:

- **防压伤** 修理中的农机车辆,必须用三角木塞牢车轮胎。使用千斤顶顶起车辆后,还应用支撑工具撑牢。放松千斤顶前,注意旁边是否有人和障碍物。检修液压车厢的管路,要在倾斜的车厢支撑牢靠后才可进行。
- **防烫伤** 修理运转中的发动机,应防止被高温气体,特别是排气管排出的气体烫伤。水箱水温很高时,不要急于用手开水箱盖,以防被沸水冲出烫伤。
- **防腐蚀** 配制蓄电池电解液,应使用陶瓷或玻璃容器。检查电解液高度和密度时,不要让电解液溅在衣服或皮肤上。

● **防中毒** 修理期间需要经常起动发动机,频繁进行气焊、电焊作业,室内往往充斥大量废气。因此,必须保持修理环境中空气流通,以免慢性中毒。

● **防爆炸** 油箱、油桶焊补前须彻底清洗干净,确认内腔无油气后再施焊。此外,电瓶间应杜绝火星,防止蓄电池溢出的氢气和氧气积聚,遇上火花发生爆炸。

● **防火灾** 修理汽油机时不可出现明火。砂轮机附近不得搁置汽油盆。沾有废油的棉纱、破布等应及时妥善处理,不得乱丢。

● **防触电** 电气设备要可靠接地,开关设备要高过人头。电线老化或损坏应及时更换,以防触电或引发火灾。

话题 8 作物采收 及时无损

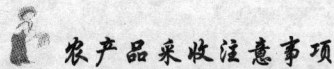

农产品采收注意事项

采收是农产品生产在种植产地的最后一个环节,对农产品向商品转化具有重要意义。在采收时应注意:

> 农产品的采收总原则:及时无伤损。

● 采收前必须做好人力和物力上的安排和组织工作;

● 选择适合产品特点的采收容器、采收成熟度和采收方法;

● 采收的速度要尽可能快;

● 采收应避免造成损失;

- 采收后储运应对农产品采取有效的保护措施。

小资料
·就地销售的农产品可以适当晚采;
·用作长期储藏和远距离运输的农产品,应适当早采;
·有呼吸高峰的农产品,应该在达到生理成熟或呼吸跃变前采收。

采收成熟度确定方法

在农产品采收时,农民朋友需要把握何时采收,即采收成熟度。采收成熟度是农产品质量和采后储藏的基础,对农产品商业化有直接的影响。采收过早,农产品的饱满度和重量不达标,且农产品的色、味和品质也不好,不耐藏;采收过晚,农产品过熟,已经开始衰老,不利于储藏和运输。

采收成熟度的确定:

- **表面色泽** 许多农产品在成熟时产品表面都会显示特有的颜色变化。

- **饱满度** 饱满程度一般用来表示发育的状况。有些产品饱满程度大,发育良好、充分成熟、达到采收的质量标准;有些产品饱满程度高,品质下降。

> 对于水果类的农产品还可通过果梗脱离的难易程度来判断。

- **成熟特征** 农产品在成熟时呈现成熟该有的特征、形态,应利用多年的种植经验,观察产品是否成熟。

- **生长期** 任何农产品由开花到成熟都有一定的生长期。应根据当地的气候条件和多年的经验得出适合当地采收的平均生长期。

 采收方法

1. 人工采收

适合葡萄、香蕉等园艺产品的采收。

- 优点：灵活性高；机械损伤少；人多速度快，便于调节控制。
- 缺点：缺少采收标准；工具原始；采收粗放；新上岗的要培训。

2. 机械采收

适合水稻、麦子等农作物产品。

- 优点：采收效率高、节省劳动力、降低采收成本，可以改善工人的工作条件、减少因大量雇佣和管理工人所带来的一系列问题。
- 缺点：产品的损伤严重影响产品的质量、商品价值和耐储性。

第三讲

设施农业生产

话题1 设施农业好处多

设施农业概念

设施农业是运用现代工业技术成果和方法、用工程建设的手段为农产品生产提供优化的、相对可控的环境条件，从而实现集约、高效、可持续发展的一种现代化生产方式。换句话说，就是利用人工设施，人为调节和提供较适宜的温度、光照、水分、土壤、空气等环境条件，获得高产、优质、高效的农、畜、水产品。

设施农业分类

设施农业涉及建筑、材料、机械、自动控制和管理等内容，包含栽培与养殖。具体来说，设施农业按主体不同可以分为以下两种：

- **设施栽培** 主要是蔬菜、花卉及瓜果类的设施栽培，设备有各类温室、塑料棚和人工气候室及其配套设备等。

> 如各类型玻璃温室，塑料大棚，连栋大棚，中、小型棚及地膜覆盖。

- **设施养殖** 主要是畜禽、水产品及特种动物的设施养殖，设备有各类保温、遮阴棚舍和现代集约化饲养畜禽舍及配套的设备。

设施农业好处多

由于设施农业摆脱了传统农业生产条件下自然气候、季节的制约，不仅使单位面积产量及畜禽个体生产量大幅度增长，而且保证了农牧产品，尤其是蔬菜、瓜果和肉、蛋、奶的全年均衡供应。与露地栽培农业相比，设施农业的优越性集中表现在以下方面：

- 降低了劳动强度，极大地提高劳动生产效率。
- 提高农产品质量与标准。能够在一定程度上摆脱气候对农业生产的不利影响，减轻气象灾害，如冷害、冻害、霜害、风害、热害等，较好地满足农作物对生态条件（光、热、水、肥等）的要求，以提高农业生产的稳定性，从而获得高产优质的农产品。

荷兰拥有现代化玻璃温室约1.5万公顷，每年在蔬菜、花卉等高档农产品方面的出口总额居世界首位。

- 减少环境污染。设施栽培可以有效减轻病虫害的影响，减少农药的使用，更好实现无公害的目标。
- 带动相关行业发展。
- 节约生产成本。

设施栽培在实际生产中的应用

- **培育壮苗** 秋、冬及春季利用风障、阳畦、温床、塑料棚及温室为陆地和设施栽培培育各种蔬菜幼苗，或保护耐寒性蔬菜的幼苗越冬，以便提早定植，获得早熟产品。夏季利用荫障、荫棚等培育秋菜幼苗。

- **越冬栽培** 利用风障、塑料棚等在越冬前栽培耐寒性蔬菜，在保护设备下越冬，早春提早收获。
- **早熟栽培** 利用保护设施进行防寒保温，提早定植，以获得早熟的产品。
- **延后栽培** 夏季播种，秋季在保护设施内栽培果蔬产品，早霜出现后，仍可继续生长，以延长蔬菜的供应期。
- **炎夏栽培** 利用遮阳网、防虫网等进行炎夏栽培。
- **无土栽培** 不用土壤而用加有营养液的物料（如珍珠岩、蛭石、无毒泡沫塑料等）作为植物生长介质的栽培。

话题2 大棚温室类型与设备

温室的类型

- **塑料大棚** 以塑料薄膜作为覆盖材料的单栋拱棚，一般跨度为6～12米，脊高为2.4～3.5米，长度为30～100米。冬季严寒时，也可在拱棚上覆盖草帘、旧薄膜等进行保温，适用于冬、春季蔬菜育苗和瓜、茄、豆类蔬菜及早春速生菜的提早栽培。
- **日光温室** 日光温室是以太阳能为主要热能来源的温室类型，是我国北方地区主要的保护设施。以单屋面结构为主，东、西和北三面是护围墙体，一般屋脊高度在2米以上，跨度为6～10米，长度为60～80米，正常条件下不用人工加温可保持室内外温差达20～30℃以上。

圆拱顶PC板温室

纹络式单层玻璃温室

单坡面日光温室

塑料薄膜简易棚

楼顶温室

检验检疫温室

塑料膜圆拱棚

日光温室

双层充气膜温室

PC板温室

庭院休闲温室

玻璃温室

图3—1 温室类型

- **连栋温室** 连栋温室是将多个单跨的温室通过天沟连接起来的大面积生产温室，通常自动化和智能化控制。根据结构形式和覆盖材料不同，分为连栋玻璃温室、连栋塑料温室和聚碳酸酯板温室（PC板温室）。跨度一般为6~12米，温室开间为3~5米，占地面积3 000~5 000平方米。

> 玻璃温室的透光率为60%~70%，连栋塑料温室为50%~60%，日光温室可到达70%以上。

温室主要设备

1. 外部设备

- **工具房和准备室** 用于存放生产资料和机械设备以及劳动操作；
- **道路** 便于产品的运输和生产资料的运输，并可以将温室群分成若干区域，便于劳动操作和实行分区种植、分区管理；
- **排灌系统** 排灌系统能起到旱时灌水、涝时排水的作用，要求深度和宽度较大，确保雨水多的季节能及时排水，防止积水。

专家提示

灌水时走向：主排灌沟到次排灌沟，再利用水泵或人力到田间；

排水时走向：田间水到直排管沟，再到次排灌沟，再到主排灌沟。

2. 内部设备

- **通路** 便于通行,劳动操作和产品运输,提高设施内土地利用率;
- **台架** 主要用于摆放花盆、育苗盘等,可提高设施的利用率,作物群体分布更加均匀合理;
- **繁殖床** 用于温室内进行扦插、播种和培育幼苗,一般为钢筋混凝土结构;
- **喷雾装置** 喷雾灌溉,有固定式和可移动式两种;
- **温帘风机系统** 温室降温;
- **光照设备和遮光设备** 光照设备是在冬季或阴雨天光照不足时使用;遮光设备则是主要应用于春、夏、秋季遮光降温或冬季多层覆盖保温;
- **水池** 用来清洗器具。
- **环境数据采集系统** 自动测量、记录、传送温室的温、湿度等数据,调节温室的基本设备(如水暖热水泵、补光灯、通风扇等)达到最佳环境状态。

话题3 科学调控温室环境条件

温度调控

温室温度的调节和控制包括保温、加温和降温3个方面。

1. 保温

- 在低温、多风地区加强设施的防风措施,防止冷风的侵袭,增强设施自身的保温能力。

- 采用保温性能好的材料，如塑料薄膜、纸被、无纺布等进行多层覆盖保温。
- 适当降低高度，缩小夜间保护设施的散热面积，有利于昼夜的气温和地温保持。
- 减少缝隙散热。
- 保持较高地温，增加土壤的储热能力。

> **专家提醒** 覆盖地膜，最好是透光率较高的白色地膜；合理浇水，在低温期要尽量减少浇水的次数；设置防寒沟，在设施周围挖一条宽30厘米，深50厘米左右的沟，填入稻壳、蒿草、牛粪等保温材料，上面用塑料薄膜封盖，防止设施内土壤热量的横向流出。

2. 加温

小型温室可采用火炉加温；大型连栋温室采用暖水加温、热风炉加温等采暖系统；塑料大棚大多没有加温设备。

3. 降温

- **通风降温** 开启通风口、门、窗、风机等，降温散热。
- **遮荫降温或反光降温** 利用覆盖遮阳网和棚膜（或玻璃）表面洒白灰水，或者在屋顶表面及立面玻璃上涂白，通过遮光、反光降温。
- **喷雾降温** 用高压水泵将冷水通过管道输入设施上部雾化喷洒降温。

光照调控

- **结构和布局合理** 合理设置设施类型、结构、大棚群或温室群及屋面坡度,尽量保证室内各处均光线充足。通常拱圆形屋面采光效果好。

- **覆盖物合适** 若要增加透光,则保持覆盖物内外的清洁;若要避光则可采用各种遮荫物(遮阳网、无纺布、苇帘等)或玻璃面涂白,降低设施内的温度及光照强度。
- **人工补光** 多采用补光灯调整光照强度与时间。
- **合理栽植** 植物种植密度合理,及时整枝、摘除老叶和病叶,提高植株间的通风、透光性。

湿度调控

1. 起垄覆膜,暗灌控湿

一般起垄高度为15~20厘米,宽度为60~80厘米。垄上覆地膜,实行膜下浇水,能有效地抑制土壤水分的蒸发,减少温室热量的损耗,提高和稳定室温,降低温室的相对空气湿度。起垄覆膜,膜下暗灌,一方面能提高室内温度,另一方面能有效地降低室内湿度,抑制或减少病害发生。

> 提示:在低温寡照的冬季,严禁阴天或中午后进行浇水。浇水需在晴天上午进行,10点以前结束。以免浇水不当,引起地温大幅下降或无法放风,温室湿度徒增。

2. 行间铺草,夜间吸湿

温室蔬菜定植后,在大沟内铺一层碎草,厚度10~15厘米,夜间地暖,空气温度低,碎草可吸收地面散发的水分;白天温室内空气暖和,地温较低,碎草有利排湿。另外,碎草吸水发酵后放出二氧化碳,能提高温室二氧化碳浓度,促进蔬菜的光合作用。

3. 合理调控，通风排湿

- **充分利用光能** 适时揭盖草苫，延长见光时间，并及时擦除棚膜上的灰尘，维持采光面的透光性。
- **看天、看苗浇水** 浇水时要提前看天气预报，在连续5天为晴天方可进行灌溉，用暗沟浇小水。
- **科学通风、排湿** 温室通风大多在清晨、中午进行。

> 早晨拉揭草苫时，在棚温不低于12℃时可同时拉开风口进行通风排雾，时间10～30分钟，然后关闭风口快速提温；中午12点时拉开风口放风；如果棚内湿度较大，可延长放风时间。

- **改进喷药技术及剂型** 温室喷药要选用0.7～1.0毫米孔径的小喷片，这样喷出的雾滴小，覆盖面大，均匀，省水、省工，能有效降低棚内湿度，克服大喷片药的滴大、易流失的缺点。

温室气体的调控

1. 二氧化碳的调节与控制

作物的光合作用消耗了设施内的二氧化碳，处于二氧化碳饥饿状态，需要及时补充二氧化碳，以促进作物保持持续的、长时间的光合作用旺盛状态，制造更多的养分，促进作物的生长，提高产量和品质。

> **方法：**
> ◆ 有机肥发酵
> ◆ 燃烧白煤油
> ◆ 燃烧天然气
> ◆ 液态二氧化碳
> ◆ 干冰
> ◆ 燃烧煤和焦炭

2. 有害气体的调节与控制

- **预防氨气和二氧化氮气体危害**　正确使用有机肥（腐熟、适量），正确使用氮素化肥，覆盖地膜，加大通风量，经常检查室内水滴的 pH 值。
- **预防一氧化碳和二氧化硫气体危害**　燃烧用含硫低的燃料，燃烧用炉具密封。发现有刺激性气体，立即通风。
- **预防塑料制品产生的气体**　选用无毒膜和不含增塑剂的塑料制品，尽量少用或不用塑料制品，室内经常通风排除异味。

温室土壤的调控

合理施肥（少量多次）、加强管理，增施有机肥、合理轮作，改良不良土壤。

话题4　大棚生产　重在育苗

工业化育苗是以先进的育苗设施和设备装备种苗生产车间，将现代生物技术，环境调控技术，施肥灌溉技术，信息管理技术贯穿种苗生产过程，以现代化、企业化的模式组织种苗生产和经营，从而实现种苗的规模化生产。

> **优势**：用种量少，占地面积小；缩短苗龄，节省育苗时间；减少病虫害发生；提高育苗生产效率，降低成本；可以做到周年连续生产。

工业化育苗的生产工艺流程

准备 → 播种 → 催芽 → 育苗 → 出室

工业化育苗的关键

1. 育苗基质的基本要求

- 尽量选择当地资源丰富、价格低廉的物料；
- 育苗基质不带病菌、虫卵，不含有毒物质；
- 基质随幼苗植入生产田后不污染环境与食物链；
- 具有土壤基本功能与效果；
- 有机物与无机材料复合为好；
- 相对密度小，便于运输。

> **专家提醒** 工业化育苗的基础物料是珍珠岩、草炭、蛭石等。常用的是草炭和蛭石各半的混合基质，或是就地取材，选用轻型基质与部分原土混合，再加适量的复合肥配置成育苗基质。

2. 营养液的配制

一般在育苗过程中营养液配方以大量元素为主，微量元素由育苗基质提供，根据幼苗的生长需求确定是否需要进行施肥。

> **专家提醒** 播种前种子经过种子检验和种子消毒，选用纯净饱满的优良种子，并且要经过种子催芽处理，待有1/3种子裂嘴露白时立即播种，应适量播种，尽量节约种子。播种后覆土、镇压，均匀一致、薄些，覆土厚度大约为种子直径的2倍，中小粒种子大约1厘米，银杏、京桃、榆叶梅约2厘米。以覆沙壤土（或沙）为宜。播种前苗床在浇透底水的情况下，播种后适量少浇水，使种子与土壤密切接触，保持表层土壤湿润，以利于种子发芽出土整齐。

工业化育苗技术

1. 播种

因塑料大棚具有增温作用，可较露地育苗适当提早播种。

2. 苗期管理

- **温度管理** 塑料薄膜大棚内，由于白天大量吸收太阳辐射，温度明显增高，夜间薄膜具有一定的保温性能，所以大棚内温度始终比棚外高。苗木生长期间，棚内温度以维持25~28℃为宜。

- **水肥管理** 大棚内温度高、蒸发量大，幼苗生长迅速，需水量比露地育苗多，播种前苗床浇透底水，播种后保持表层土壤湿度适度湿润。幼苗出齐后应少浇、勤浇水，每日1~2次，苗木速生期要适当增加浇洒水量，减少浇水次数，每隔1~2天浇一次水。大棚育苗土壤肥力较高，养分充足，苗期可适当追肥。生长前期追施氮、磷肥，后期追施磷、钾肥。

- **通风换气，调节温度、湿度** 苗木出土后，地温和气温不断升高时开始开窗通风。当棚外气温低于10℃时，白天打开门、窗，适量通风换气，晚间关闭。棚外气温达20~25℃时，晚上打开门，早晨太阳出来后再打开部分边窗和天窗。当气温升高到30℃时，要卷起大棚周边薄膜至1米高，门、窗全部打开。当气温降到20℃左右时，放下卷起的周围薄膜，关闭部分窗口。

- **防除杂草** 预防杂草危害，要采取"除早、除小、除了"的原则。

- **防除病虫害** 棚内温度高、湿度大，主要是预防松苗立枯病，一般当苗木出齐脱顶壳后连续喷施0.5%~1.0%波尔多液，每5~6天一次，连续喷施5~6次，或喷洒多菌灵500倍液，每周1次，连续3~4次。一旦发现虫害，可用50%辛硫磷乳油制成毒土杀虫或用毒饵诱杀。

话题5 夏季保护地设施

遮阳网

遮阳网具有一定的遮光、防暑、降温、防台风、防暴雨、防旱保墒和忌避病虫等功能，用来替代芦帘、秸秆等农家传统覆盖材料，进行夏秋高温季节作物的栽培或育苗。

- **遮阳网的种类** 依颜色分为黑色或银灰色，也有绿色、白色和黑白相间等品种。依遮光率分为35%~50%、50%~65%、65%~80%、≥80%四种规格，宽度有90、

150、160、200、220厘米不等,每平方米重45~49克。

- **大棚遮阳网的覆盖形式** 利用我国南方地区冬、春塑料薄膜大棚栽培蔬菜之后,夏季闲置不用的大棚骨架盖上遮阳网进行夏、秋蔬菜栽培或育苗的方式,是夏、秋遮阳网覆盖栽培的重要形式。根据覆盖的方式又可分为浮面覆盖、设施内覆盖和设施外覆盖三种。

防雨棚

防雨棚是在多雨的夏、秋季,利用塑料薄膜等覆盖材料,扣在大棚或小棚的顶部,任其四周通风不扣膜或扣防虫网,使作物免受雨水直接淋洗。利用防雨棚可进行夏季蔬菜和果品的避雨栽培或育苗。

- **大棚型防雨棚** 大棚顶上天幕不揭除,四周围揭除,以利通风,也可挂上20~22目的防虫网防虫,可用于各种蔬菜的夏季栽培。
- **小棚型防雨棚** 主要用作露地西瓜、甜瓜早熟栽培。小拱棚顶部扣膜,两侧通风,使西瓜、甜瓜开雌花部位不受雨淋,以利授粉、受精,也可用来育苗。前期两侧膜封闭,实行促成早熟栽培是一种常见的先促成后避雨的栽培方式。
- **温室型防雨棚** 广州等南方地区多台风、暴雨,可建玻璃温室状的防雨棚,顶部设天窗通风,四周玻璃可开启,顶部为玻璃屋面,用作夏菜育苗。

防虫网

防虫网是以高密度聚乙烯等为主要原料,经挤出拉丝编织而成的20~30目(每2.54厘米长度的孔数)等规格的网纱，具有耐拉强度大，优良的抗紫外线、抗热性、耐水性、耐腐蚀、耐老化、无毒、无味等特点。由于防虫网覆盖能简易、有效地防止害虫对夏季小白菜等的危害，所以，在南方地区作为无（少）农药蔬菜栽培的有效措施而得到推广。主要覆盖形式有两种：

- **大棚覆盖** 由数幅网缝合覆盖在单栋或连栋大棚上，全封闭式覆盖，内装微喷灌水装置。
- **立柱式隔离网状覆盖** 用高约2米的水泥柱（葡萄架用）或钢管，做成隔离网室，在其内种植小白菜等叶菜。

话题6 无土栽培

无土栽培是指不采用天然土壤栽培植物，而是利用基质或营养液进行灌溉栽培的方法。无土栽培无须依赖土壤，它是将植物种植在装有营养液的一定栽培装置中，或是在充满营养液的非天然土壤基质材料做成的种植床上，因其不用土壤，故称无土栽培。

> 优点：产量高、节约水分和养分、省力省工、易管理、避免土壤连作障碍、能充分利用空间、清洁卫生。

 无土栽培的方式

1. 无机营养无土栽培

（1）水培

水培是指植物根系直接与营养液接触，将植物根茎固定于定植篮内并使根系自然垂入植物营养液中。这种营养液能代替自然土壤向植物体提供水分、养分、氧气、温度等生长因子，使植物能够正常生长并完成其整个生命周期。

（2）喷雾栽培

利用喷雾装置使营养液雾化，使植物的根系在封闭黑暗的根箱内，悬空于雾化的营养液环境中。

（3）固体基质栽培

植物根系生长在固体基质内，通过滴灌系统输送营养液供根系吸收。

- **按种植槽形式分** 槽培、袋培、无土盆栽。
- **按基质不同分** 沙培、蛭石培、珍珠岩培、岩棉培、锯末培、有机基质栽培。
- **按种植槽空间排列形式分** 平面固培、立体固培。

2. 有机营养无土栽培

蔬菜需要的营养主要或全部来自有机肥。在栽培中，需定期施入有机肥和浇清水。

无土栽培的技术要点

1. 无机营养

- **基质混合** 基质混合以2~3种混合为宜。常用的基质混合配方有1∶1的草炭、蛭石；1∶1的草炭、锯末；1∶1∶1的草炭、蛭石、锯末；1∶1∶1的草炭、蛭石、珍珠岩；6∶4的炉渣、草炭等。

- **基质消毒** 为降低生产成本，基质经栽培一茬作物后，可以连续使用，但必须在使用前进行消毒。可将基质装入消毒柜内，通入70~90℃的蒸汽1小时，密封消毒。

也可利用福尔马林溶液熏蒸消毒。

- **营养液的配制** 称量、调节pH值、配制母液。

小资料 母液一般分为A、B、C三种。

A：以钙盐为中心，将不与钙产生沉淀的肥料溶在一起，浓度较工作浓度浓缩200倍。

B：以磷酸盐为中心，将不与磷酸根形成沉淀的盐溶在一起，浓度较工作浓度浓缩200倍。

C：由铁和微量元素组成，浓度较工作浓度浓缩1 000倍。

2. 有机营养无土栽培技术要点

有机肥料处理 ⟹ 栽培基质配制

栽培设施系统建造 ⟸ 操作管理规程

4∶6的草炭、炉渣；

5∶5的河沙、椰壳；

5∶2∶3的葵花秆、炉渣和锯末；

7∶3的草炭、珍珠岩。

栽培设施建造的要求：

- 定植前在基质中混入一定量的肥料作基肥。
- 果蔬20天后每隔10~15天追肥1次，均匀地撒在距根部5厘米以外的基质内。

- 每次每立方米基质追肥量全氮（N）80～150克、全磷（P_2O_5）30～50克、全钾（K_2O）50～180克。
- 定植前一天，灌水量以达到基质饱和含水量为度。
- 定植后，每天1次或2～3次，保持基质含水量达60%～85%（按占干基质计）。
- 成株期，浇水量必须根据气候变化和植株大小进行调整，阴雨天停止浇水，冬季隔1天浇1次。

> **案例** 某科技园依靠无土栽培新技术和种植台湾特色果品不断发展，现已初具规模。该园区产出的西瓜、南瓜以礼品的形式进入各大城市的超市。其生产的西瓜因其果皮薄，质地细腻，口感松脆，瓤红多汁，糖度较高，深受广大消费者青睐，并成为人们馈赠亲朋好友的时尚佳品。一茬西瓜的亩产量在2 000～2 500公斤以上，一年可种植两茬。

话题7　蔬菜设施栽培

蔬菜设施的栽培方式

蔬菜设施的栽培方式有早熟栽培（提前栽培）、延后栽培、软化栽培、假植栽培、遮阴栽培。

- **日光温室**　主要栽培方式是秋冬茬栽培、冬春茬栽培、越冬茬栽培。
- **塑料大棚**　主要栽培方式是春季早熟栽培、秋季延后栽培。

设施蔬菜对温度的要求

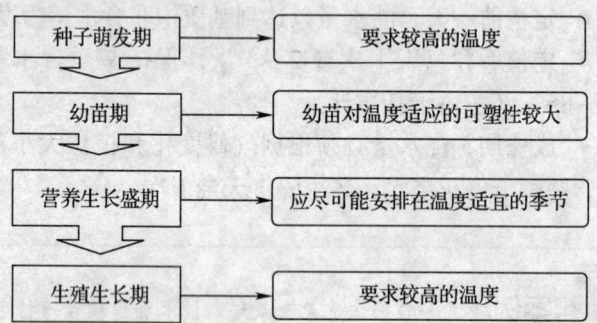

设施蔬菜对光照的要求

- 根据光周期对蔬菜生长发育的影响：将蔬菜分为长日性、短日性和中日性蔬菜。
- 根据光照强度对蔬菜生长发育的影响：将蔬菜分为喜强光、中光性和耐弱光蔬菜。

设施蔬菜对水分的要求

设施蔬菜主要类型有耐旱蔬菜、半干旱蔬菜、半湿润蔬菜、湿润蔬菜、水生蔬菜。设施蔬菜对水分的要求在不同生育期有不同的需水特点，见表3—1。

表3—1　　　　　蔬菜不同生长期需水要求

蔬菜生长期	需水特点
发芽期	种子发芽要求充足的水分
幼苗期	需水量不大，吸收力弱
营养生长盛期	需要大量的水分
生殖生长期	开花期水分不能过多，结果期需较多的水分

测土配方施肥

- **测土** 摸清土壤的情况,掌握土壤的供肥能力;
- **配方** 测土配方施肥工作的核心,根据土壤、作物状况和产量要求,产前确定施用的肥料品种与数量;
- **施肥** 合理安排基肥和追肥比例,规定施用时间和方法,发挥肥料的最大增产作用。

> **案例** 新疆新和县实施农业部测土配方施肥项目3年来,全县已推广配方施肥160万亩,每亩棉花减少纯量肥料投入3公斤,增产皮棉6公斤,节本增效111元。每亩小麦减少肥料投入3.5公斤,增产12.5公斤,亩增效25元,节本增效52元。新和县60万亩棉花和13万亩小麦年节本增效2 460多万元,每年农民人均节本增效176元。

设施蔬菜基地连作障碍状况

1. 设施蔬菜基地连作障碍

- **土壤养分失衡** 某种蔬菜作物对某些营养元素总是需求较多,连茬种植多年后,易导致土壤营养不均衡。不同蔬菜根系分布深浅不同,多年连作,根系吸收范围较固定,也易造成养分缺乏。

- **土壤次生盐渍化** 设施蔬菜施肥量较大以及常年覆盖或季节性覆盖改变了自然状态下的水分平衡,土壤得不到雨水充分淋洗,加上棚内温度较高,土壤水分蒸发量大,下层土壤中的肥料和其他盐分会随着深层土壤水分的蒸发而在土壤表面形成一薄层白色盐分，即土壤次生盐渍化。

- **土壤酸化** 长期施用化学肥料和有机肥，尤其是生理酸性肥料（硫铵、氯化铵等）和没有腐熟完全的有机肥料；加上棚内温湿度高，雨水淋溶作用少，耕层土壤酸根积累严重，导致土壤酸化，土传病虫害加重。
- **植物自毒作用** 自毒作用是一种发生在种内的生长抑制作用。番茄、茄子、豌豆、西瓜、甜瓜和黄瓜等作物极易产生自毒作用，而与西瓜同科的丝瓜、南瓜、瓠瓜和黑籽南瓜则不易产生自毒作用。

2. 连作障碍防治方法

（1）合理轮作

不同作物间进行轮作倒茬是解决连作障碍最简单有效的方法，包括蔬菜间轮作及蔬菜与水稻、对抗植物和净化植物等间的轮作。

（2）雨水淋洗和合理灌溉

利用自然降雨淋洗和合理的灌溉技术，以水化盐，使地表积聚的盐分稀释下淋。

- 利用换茬空隙或闲季时间，对土壤连续灌深水，浸泡30天左右，对减轻盐害有良好效果。
- 在高温季节揭去棚膜，深翻筑畦，任雨水淋洗。地面上覆盖薄膜，灌水高温浸泡，这样既可以除菌，也可以达到洗盐的目的。
- 采取节水灌溉，如滴灌、渗灌结合，以水调肥，也能较好地防止土壤盐渍化加剧和产生盐害。设施蔬菜土壤膜下滴灌可改善土壤的生态环境，提高作物的抗病性。
- 可种植耐盐作物，以物除盐。

（3）调节土壤pH值

根据设施土壤 pH 值采取相应的调控措施,使之逐步达到或接近蔬菜适宜生长的中性或偏酸性范围。

(4) 土壤处理

合理施肥、土壤消毒。

高温闷棚消毒

高温闷棚消毒法,就是夏季密闭大棚在强光照射下,使大棚内迅速升温到 60~70℃ 以上,并保持一定时间,利用高温对大棚进行杀菌消毒,具体如下:

- **整地施肥** 地要整平,整细,并结合整地施肥,以杀死有机肥中的病菌。一些有机肥,如鸡粪、干牛粪等,有提高地温和维持地温的作用,使杀菌效果更好。

- **灌水** 实践证明,土壤含水量达到田间最大持水量的 60% 时,效果最好。

- **药物处理** 用药物进行地膜覆盖土壤消毒,以杀死土壤中的病菌。方法是把药物注到畦内,50 平方厘米挖一穴,深为 10~15 厘米,每穴 4 毫升。此外,在密闭大棚之前,棚体内表面喷施一遍杀菌药和杀虫剂,以杀死躲在墙缝中的病菌和害虫。

- **密闭大棚** 用大棚膜和地膜进行双层覆盖,严格保持大棚的密闭性,在这样的条件下处理,地表下 10 厘米处最高地温可达 70℃,20 厘米的地温可达 45℃ 以上,这样高的地温杀菌率可达 80% 以上。

- **消毒时间** 绝大多数病菌经过 10 天左右的热处理即可被杀死,但是有些特别耐高温的病菌,必须处理 30~50 天才能达到较好效果。因此,进行土壤消毒时,应根据棚内所种作物及其相应病菌的抗热能力来确定消毒时间。

- **消毒后处理** 土壤消毒后最好不要再耕翻，否则，会将下面土壤的病菌重新翻上来，发生再污染。

> **案例** 宁夏以中卫城区镇罗、东园、永康镇为核心区的设施蔬菜产业发展势头强劲，至2004年累计建成无公害设施蔬菜基地4万亩，其中5 000亩无公害设施蔬菜示范基地1个，新建二代日光温室2 407座，新增日光温室5 156亩，发展设施蔬菜9 613.5亩。建成集中连片、规模种植的千亩以上示范基地6个，500亩以上示范基地12个，100亩以上示范园区32个，81%的日光温室以种植西红柿为主，品种主要有"189"、红太子、玛瓦、莱福60。全市年内蔬菜总产量达到293 015吨，实现产值38 581万元。

话题8　花卉设施栽培

花卉栽培设施

花卉栽培设施是指人为建造的适宜或保护不同类型的花卉正常生长发育的各种建筑及设备，主要包括温室、塑料大棚、冷床与温床、荫棚、风障以及机械化、自动化设备、各种机具和容器等。

1. 冷床与温床的功能

提前播种，提早花期；花卉的保护越冬；扦插。

2. 冷床的构造

冷床的主要形式是阳畦。

- **普通阳畦** 由畦框、风障、玻璃（薄膜）窗、覆盖物（蒲席、稻草苫）等组成，如抢阳畦和槽子畦。

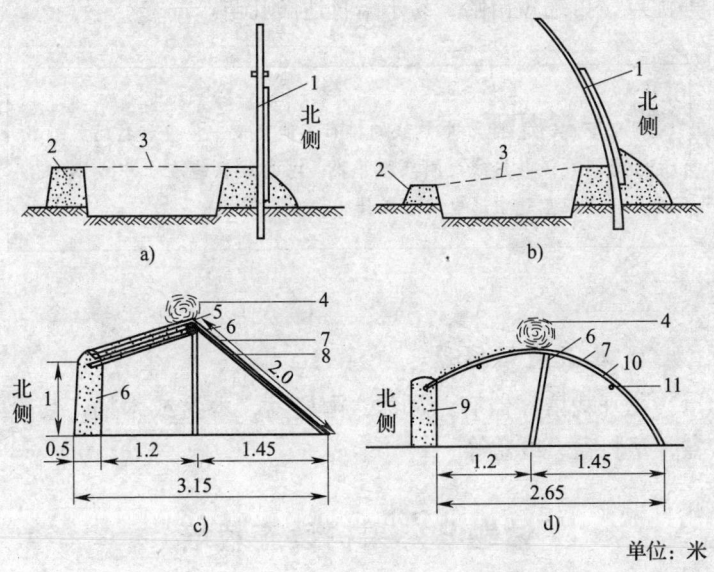

图 3—2 阳畦的各种类型

a) 槽子畦 b) 抢阳畦 c) 玻璃改良阳畦 d) 薄膜改良阳畦

1—风障 2—床框 3—透明覆盖物 4—草苫 5—土顶
6—柁、檩、柱 7—薄膜 8—窗框 9—土墙 10—拱杆 11—横杆

- **改良阳畦** 由土墙（后墙、山墙）、棚架（柱、檩、柁）、土屋顶、玻璃窗或塑料薄膜棚面、保温覆盖物（蒲席或草帘）等部分组成。

3. 温床的构造

- **酿热温床** 由床框、床坑、玻璃窗或薄膜棚、保温覆盖物、酿热物等组成。

- **电热温床** 生温快，地温高，温度均匀，调节灵敏，不受季节限制，外界气温对畦温影响小，自动化控制等优点，可缩短苗龄，易于培育适龄壮苗。

> **专家提醒** 电热线的排布不能交叉、重叠和打结，行数最好为偶数；电热线之间只能并联；电热线只能在土中或水中使用，不可在空气中通电实验或使用。

花卉栽培容器

花卉栽培容器有：瓦盆，陶瓷盆，木盆或木桶，紫砂盆，塑料盆，纸盒等。

话题9　果树设施栽培

设施果树生产类型

设施果树生产主要以在冬、春季节提供鲜食水果为主要目的，通称为反季节生产。具体方式可分为：促成栽培、半促成栽培、延迟栽培和促成兼延迟。

> **案例** 2007年春节前，泰安市省庄镇东羊楼村的果农格外忙碌，干得特别带劲，种植的大棚桃树在春节前结出丰硕的果实，每斤最高卖到100元，近2 000斤鲜桃被销售订购一空。

果树设施的建园

- **树种、品种选择** 设施果树栽培一般选择果实储藏性较差的优良鲜食树种，如桃、杏、李、樱桃、葡萄等，品种则一般选择外观与品质俱佳的优良晚熟、极晚熟品种。此外，还要求品种花芽容易形成、花粉量大、自花结实力强；树冠开张、易于调控，或树体紧凑、适合矮化密植栽培；适应性广、抗病性强。

- **专家提醒栽植制度** 设施温室大棚内空间有限，为了达到更高的经济效益，一般尽量采取密植，但也要留出一定的操作管理空间。对于不同树种、品种来讲，栽植密度不同。桃树株行距为1~2米×1~2米，杏树为1~2米×1~2米，葡萄双行立架株行距30~40厘米×50~200厘米（宽行200厘米、窄行50厘米），葡萄单行架株行距50~60厘米×300~400厘米。

> **专家提醒** 目前作为保护地延迟栽培的树种主要有葡萄和桃，葡萄适宜延迟栽培的品种有巨峰、黑大粒、红地球。桃适宜延迟栽培的品种一般选果实发育期180天以上，成熟期在10—12月的极晚熟品种，如中华寿桃、冬雪蜜桃、红雪桃、霜红蜜等。但如果栽培技术措施得当，一些品质优良的早、中熟品种也可栽培。

- **预备苗技术（培育大苗）** 一年一栽制和多年一栽制要求苗木"壮苗建园，便于更新"。除桃、葡萄等早果性好的树种，可在设施内直接定植一年生苗外，樱桃、杏、李等进入结果期较晚的树种宜在设施内定植大苗,以便尽早获得产量,降低管理成本。

 设施果树栽后管理

- **施肥** 苗木栽植后,第一次追肥在新梢长15厘米时,株施尿素100~200克,48小时后浇水。第二次施肥待新梢30厘米左右时,追施氮、磷、钾复合肥,株施300~400克,距苗木周围30厘米开沟施入。根外追肥,每次结合喷药,7月中旬以前加喷尿素300倍液;7月中旬后加喷磷酸二氢钾300倍液,促进枝条生长、成花。9月下旬—10月初,亩施5 000公斤农家肥。

- **浇水** 定植后浇透水,苗木成活后每隔15天左右浇一次水,7月中旬后停水。雨量大时,注意排水,如干旱,待中午桃、杏的叶片打蔫时,再浇水,利成花。

- **夏剪和冬剪** 夏剪做好摘心工作,9月上旬将全部新梢生长点摘除,立秋后对新梢拿枝软化,角度80°~90°,促成花。冬剪时以疏为主,去掉无花枝、交叉枝、直立枝、并生枝,株留15~20个有花枝。

- **温度和湿度的调控** 温度的调节包括白天晴天时的降温和阴雨天及夜间的保温,降温主要通过开启放风口实现,保温通过盖草苫等保温材料、加厚墙体、挖防寒沟及人工加温等。温室内湿度较大,一般气温低时湿度大,气温高时湿度小。为降低湿度,可采用地表覆盖地膜,减少灌水等方法。

- **光照调控** 遮光可抑制果实发育,延迟成熟。温室内光照为自然光照的60%~70%,多通过采用透光率好的薄膜覆盖,室内墙壁刷成白色、挂反光幕、地面铺反光膜等充分利用室内散射光,必要时人工补充光照。

> 提示:在冬季因温室封闭保温,二氧化碳不足,影响光合作用正常进行,不利于果树生长,要及时补充二氧化碳。目前常采用施用固体二氧化碳,气肥或加大通风量的方法。

- **设施病虫害综合防治** 严格消毒;严格控制设施环境;选用抗病品种或用抗病砧木嫁接栽培;防止害虫进入设施内;科学用药;农时操作要适时。

话题10 设施养殖

设施养殖品种选择

标准化的品种需要繁殖性能、产肉性能、产奶性能等方面相对一致,遗传性能稳定,可以进行品种间或品系间杂交,以达到生长发育快、饲料转化率高、抗病力强、适应环境能力好等杂种优势。

- **猪** 我国猪的培育品种较多,包括哈尔滨白猪、上海白猪、汉中白猪、三江白猪、北京黑猪、山西黑猪、东北花猪、泛农花猪、北京花猪等。世界上有四大著名猪种,以生长速度快、饲料转化率高、胴体瘦肉率高、分布广、饲养量大而著称。它们是:大约克夏猪(大白猪)、长白猪、杜洛克猪、汉普夏猪。

- **鸡** 设施养殖肉鸡的品种主要有 AA 白羽肉鸡、艾维茵肉鸡、彼德逊白羽肉鸡、狄高红羽肉鸡、红波罗红羽肉鸡等;蛋鸡品种主要有北京白鸡、滨白鸡、北京红鸡、仙居鸡、白耳黄鸡；土鸡有乌骨鸡、草鸡、三黄鸡、桃源鸡、绿壳蛋鸡等。

- **水禽** 主要有鸭和鹅。

鸭：北京鸭、樱桃谷鸭、奥白星、四川麻鸭、天府肉鸭等。

鹅：定安四季鹅、浙东白鹅、豁眼鹅、皖西白鹅、四川白鹅、太湖鹅、狮头鹅等。

- **水产品** 主要有草鱼（四大家鱼）、鲶鱼、黄鳝、泥鳅、优质鲫鱼、甲鱼、中华绒螯蟹、鳗鱼、鲈鱼等。

设施养殖的具体要求

1. 合理日粮

日粮的原则：①所用饲料多样化；②注意日粮的适口性；③注意饲料的有毒有害成分及营养成分以外的特性。

2. 加强现代化饲养管理

管理包括畜禽的繁殖、保育、肥育、出栏、日粮的配合、外界环境因素等。要求经营者根据具体生产的目的、实际情况制定出具体的管理办法和标准，因地制宜，生产出优质、安全的畜产品。

3. 制定严格的防疫程序

一是常规卫生消毒，包括饲料、饮水、用具、畜禽舍等；二是了解周围环境，不在疫区购买饲料或畜禽；三是定期防疫注射，尤其是春秋季疫；四是注重传染病的隔离、消毒和处理，有效控制疫情；五是坚持畜禽群体观察制度，以便早期发现问题，早期处理，把损失减小到最低程度。

4. 配套合理的基础设施

(1) 猪场建造

猪场应选择在地势高、干燥、地形开阔、排水方便、通风良好，避开居民区、屠宰场和工矿区等污染较多的地方。生产区面积一般可按每头繁殖母猪4平方米或每头上市商品猪3平方米计划，总占地面积按照生产区面积的1.6倍测算。场地水源要求水量充足，水质良好，便于取用和进行卫生防护。水量必须能满足猪只饮用及清洗、调制饲料、冲洗猪舍、清洗机具、用具等饲养管理用水和生活用水的要求。

(2) 鸡舍建造

鸡舍建造分永久式和简易式，以塑膜暖棚简易鸡舍更为经济实用。方向坐北朝南为宜，利于采光和保温。鸡舍面积可根据养鸡数量多少而定，一般为每平方米养鸡8~10只。

> **专家提醒** 单斜式鸡舍简单易建，鸡舍宽5米，长度依鸡舍面积而定。前高2米，后高1.2~1.4米，上面铺以檩木、竹竿等，然后用秸秆铺平，抹黄泥掺锯末，最外层铺以油毡纸或塑料膜等。四周墙壁可钉木板或用枝条挟好，外面抹泥保温，最外层扣上塑料布防风防雨。两侧留换气口，鸡舍内设置栖架。密度大时，可搭设梯形架。同时，要架设围网，以利控制鸡群。

(3) 水禽养殖场建造

- **地面平养** 水泥或砖铺地面撒上垫料即可。若出现潮湿、板结，则局部更换厚垫料。一般随水禽的进出全部更换垫料，可节省清圈的劳动量。采用这种方式舍内必须通风良好，否则垫料潮湿、空气污浊、氨浓度上升，易诱发各种疾病。各种肉用仔鸭均可用这种饲养管理方式。

● **网上平养** 在地面以上60厘米左右铺设金属网或竹条、木栅条。这种饲养方式粪便可由空隙中漏下去，省去日常清圈的工序，防止或减少由粪便传播疾病的机会，而且饲养密度比较大。

> **专家提醒** 网材采用铁丝编织网时，网眼孔径：0~3周龄为10毫米×10毫米，4周龄以上为15毫米×15毫米。网下每隔30厘米设一条较粗的金属架，以防网凹陷，网状结构最好是组装式的，以便装卸时易于起落。网面下可采用机械清粪设备，也可用人工清理。采用竹条或栅条时，竹条或栅条宽2.5厘米，间距1.5厘米。这种方式要保证地面平整，网眼整齐，无刺及锐边。

● **笼养** 多用于水禽的育雏阶段。在保证通风的情况下，可提高饲养密度，一般每平方米饲养60~65只。若分两层，则每平方米可养120~130只。笼养不用垫料，既免去垫草开支，又使舍内灰尘少，粪便纯。且完全处于人工控制下，受外界应激小，可有效防止一些传染病与寄生虫病。

（4）水产品养殖场建造

池塘是养殖场的主体部分。按照养殖功能分，池塘面积一般占养殖场面积的65%~75%，一般为长方形，也有圆形、正方形、多角形的池塘。长方形池塘的长宽比一般为2~4:1。长宽比大的池塘水流状态较好，管理操作方便。

> **小资料** 南方地区，成鱼池一般5~15亩，鱼种池一般2~5亩，鱼苗池一般1~2亩；北方地区养鱼池的面积有所增加。另外，养殖品种不同，池塘的面积也不同，淡水虾、蟹养殖池塘的面积一般在10~30亩，太小的池塘不符合虾、蟹的生活习性，也不利于水质管理。特色品种的池塘面积根据品种的生活特性和生产操作需要来确定。

第四讲
农业自然灾害应急技术

话题1 干旱防灾减灾技术

 综合防治对策

- **根据干旱规律，调整种植的作物的种类和面积** 在常发生春旱和初夏旱且灌溉条件不好的地区，应该以种植秋收作物为主，种植夏收作物为辅。在伏旱常发生的地区，要适当调整播种日期，使作物对水分敏感期躲过伏旱，也是减轻干旱的一种措施。

> 生产上采用的细流沟灌比大水漫灌要节省水。用塑料管道将水通过管上的孔口或滴头送到作物根部进行局部灌溉叫做滴灌，比细流灌溉节水。用地下管道渗出的水向作物供水，叫浸润灌溉，又比滴灌省水，是抗旱灌溉的新方法。

- **兴修水利，合理灌溉** 兴修水利需要因地制宜。还需要搞好配套工程，才能充分利用灌溉潜力。灌溉不是单纯的浇水，而是要"适时适量"地进行灌溉。
- **平整土地，深耕改土** 对土地进行平整能有效减小径流、控制水土流失、增加土壤蓄水量。坡耕地修成水平梯田后，可以大大地减慢径流速度，增加雨水渗入土壤中的时间，使水土流失减少，土壤蓄水量增加。在坡度大的地方栽果树或植树，也要采取有效的措施以增加土壤蓄水量，预防干旱。根据当地条件，修成水平沟、等高梯田、水平阶或鱼鳞坑，从山脊到山脚，层层阻挡，节节蓄水，步步拦泥，可以起到增多蓄水、保住土壤的作用。

● **抗旱播种** 春旱主要是影响作物的出苗，若能在干旱条件下适时地播种并获得全苗，小苗的根就能很快下扎，并吸收下层水分，以供应地上部分蒸腾的需要。即使因水分不足而影响生长，但只要不被旱死，雨季一来就会迅速生长，最后也能获得较好的收成。由此可见，干旱地区春季抓苗是很重要的。

水稻抗旱田间管理对策

● 因地制宜，开发水源，并做好水稻的用水计划。
● 精细整地，蓄水保墒。
● 科学节水，推广节水灌溉技术。有效分蘖期以前，以浅水灌溉为主，有效分蘖期结束时，立即排水晒田 7~10 天，拔节孕穗期和抽穗期保持浅水，乳熟期润湿灌溉，黄熟期润湿落干。
● 如出现较大面积插后干的情况，要及时进行除草。
● 灌溉水源不足的地区，可利用防旱剂或者增加覆盖物等方法保墒抗旱。

小麦抗旱防治对策

● **选用抗旱、耐旱、高产的品种** 不同的品种对干旱发生的时间、强度、反应有些不同，因此要选用适应当地情况的品种。

- **因地制宜，蓄水保墒** 旱地小麦的蓄水，大部分是靠土壤的储水。因此，需早深耕，以接纳雨水，在小麦全苗期适时地运用中耕、镇压、秸秆覆盖等技术进行蓄雨保墒，以满足小麦生长需求。
- **轮作养地，培肥地力** 增施磷、钾肥，提高水分利用率。小麦与豆类作物、饲料作物进行轮换种植。通过作物自身残留物归还土壤，以提高土壤肥力。

> 缺磷、钾肥的麦田应增施磷、钾肥，能促进根增蘖，提高成穗率，增强抗旱性。对于旱地低产田块，要注意施用有机肥，改善土壤。

- **合理灌溉，保证小麦在关键时期用水** 根据小麦的需水规律、土壤墒情、小麦生长情况进行合理灌溉，以有限的水量达到最好的效果。一般拔节至开花期间是小麦需水量最大的时期，此时缺水对产量影响较大，需要特别注意。
- **建立合理的群体结构** 不同的小麦群体结构，需水量有所不同。如果小麦生长前期群体过大，消耗水分过多，会造成后期缺水；若群体过小，不能充分发挥水分作用，又不能达到高产。
- **培育壮苗** 培育壮苗的主要措施是在蓄水保墒、培肥地力的基础上，抓好适时播种，充分利用年前的光和热，力争冬前主茎长出 6~7 片叶。
- **地膜覆盖** 地膜覆盖技术是旱地小麦抗旱高产的一项有效技术。

玉米间作套种抗旱

在山区和丘陵旱地常有伏旱、秋旱的发生,秋收作物在夏收作物收获后播种或栽植,往往会因为"卡脖旱"或秋旱而减产。而如果在套种的情况下,由于播种期的提早,秋收作物既可以充分生长,又可以安全成熟,更可以使作物需水敏感期与伏秋旱错开,因而可以趋利避害,抗旱保收。

- 玉米与小麦套种,根据两者共生期短的特点,利用它们之间熟期一早一晚、植株一高一矮、根系一浅一深的空间差和时间差,进行相互促进,互为利用。特别是小麦生长后期田间荫蔽度大,而玉米处于幼苗期,田间风速小、水分蒸发量小,使玉米苗期不至于受旱。

- 玉米与红薯间作,红薯属浅根作物,玉米属深根作物,玉米可以利用深层土壤中的水分,红薯利用土壤表层的水分,而红薯伏地生长,可以减少夏季高温对土壤水分的蒸发量,对玉米抗旱增产是有利的。

话题2 洪涝防灾减灾技术

 综合防治对策

- **建造防洪工程** 例如修筑水库,能拦蓄河水,减少流量,从而有效地防止洪涝。
- **修好田间排水沟** 在易涝地区,雨季前修好排水沟是非常重要的防涝措施。一般应在整地时就修好排水沟。通常要修成一个完整的排水体系,田畦或者垄沟、与垄沟行向垂直的毛排沟及与垄沟行向平行的排水沟组成,沟沟相通，一级比一级深，雨水过多时田间积水能顺利排出，防治涝灾的发生。

- **改良土壤结构** 通过合理的耕作栽培措施，如增施有机肥、用绿肥直接沤肥、适时中耕松土等，改良土壤结构，增强土壤通透性，减弱土壤保水力，是减轻涝害的有效措施。在已经发生湿害的地块，除了补挖或者加深排水沟、尽力排水外，要抢晴天进行松土，想方设法提高土壤透气性，促进根系增长。

- **实行防涝栽培** 因地制宜，趋利避害，科学地安排种植结构。例如，在一些江河下游的低洼地，洪涝灾害相当频繁，经治理仍不能排水晒田的，改稻作为种菱藕，可减轻涝灾，提高经济收益。

 水稻涝灾应对措施

水稻淹水随受淹时间和温度影响，在25℃以下淹1~4天危害不大；在30℃以上淹1~4天可结实不正常；在40℃以上淹1~4天可导致枯死绝收。水稻苗期受淹，秧苗细长，叶发黄，一般难恢复；分蘖期，底叶坏死，心叶卷曲，水退叶枯，但一般不致腐烂；拔节期，植株细弱，易倒伏折断；孕穗期的抵抗力最弱，易出现烂穗和畸形，结实率降低；灌浆期，底叶枯黄，顶叶发黄，穗上发芽，粒重下降，米质变差。应对措施如下：

- **排水露苗洗叶** 抢排被水淹的稻田，使稻田尽早露出水面，并及时洗去叶片上的泥浆。排水时要逐步缓排，不能一次排完，以提高稻株的适应能力。倒伏的稻苗应及时扶正，并割去烂叶、病叶。

- **及时追肥** 及时追施穗粒肥，或根外喷肥。根据苗情每亩追施穗粒肥尿素3~5公斤。在剑叶抽出和灌浆期根外喷施磷酸二氢钾，每亩用量75~100克，兑水50公斤，喷雾1~2次。

- **后期浅水间歇灌溉** 抽穗后采取浅水间歇灌溉为好，以增强根系活力，延长功能叶寿命，增强稻苗抗逆性。
- **及时防治病虫害** 一般受淹后病虫害危害严重，是防治的重点。

> 在7月底8月上旬应用井冈霉素等药剂普遍防治纹枯1~2次，破口前3~5天，用丙环唑、本丙环唑（爱苗）防治稻曲病，同时，应及时防治三代三化螟、稻纵卷叶螟、稻飞虱等害虫。

 渍涝地区小麦种植方法

渍涝地区或湖滨地区的小麦，需抓好如下几项栽培措施。

- **选用耐渍品种** 不同地区品种不同，因地制宜，选择合适品种。
- **开好一套沟** 洪涝地区退水后，根据地势，每隔50~100米开好排水沟，沟深必须在1米以上。让地表水、潜层水排出去。在麦田周围开好围沟，沟深0.8米。然后在播种前后开好厢沟，沟深0.5米。
- **及时耕地整地** 退水与排水较早的田块要根据墒情进行犁地晒田，尽量深耕细整；退水与排水较迟的田块，不能耕整的，可以根据墒情进行耙地，深度为20厘米左右。施肥方面，在有条件的地方尽量多用有机肥，若缺乏有机肥，每亩就要施加碳酸氢铵50~80公斤。由于渍涝，小麦扎根浅，麦田要看苗追肥，尤其要施好拔节肥。

- **采用适宜的播种方式** 采用条播和穴播。
- **防治病害** 一般情况下,低湿地区赤霉病、白粉病、锈病、纹枯病较易发生和蔓延,因此除了要选用抗病品种外,还应根据预测预报做好防治工作。

水灾后红薯生产措施

- 开沟排水以降低地下水位。
- 及时中耕培土,改良土壤。
- 增施磷、钾肥,垄内埋渣肥。
- 抢晴天进行收获,及时加工储藏。

水灾后夏大豆的田间管理方法

- 及时清沟排渍,以促进大豆根系的生长和根瘤的发育。
- 遇旱要尽早灌溉。夏涝通常伴随秋旱,应尽早进行预防,储好灌溉用水。
- 重施化肥,可以提高大豆品质和产量,并能促进大豆成熟。
- 中耕松土,清除草害,改善田间通风透光情况。
- 加强对病虫害防治。

话题3 高温防灾减灾技术

什么是高温热害

高温热害是指持续出现超过作物生长发育适宜温度上限的高温,对植物生长发育以及产量形成的伤害。一般指连续3天最高气温高于35℃或者连续3天平均气温高于30℃。

稻、麦高温热害防御措施

- 要减小高温逼熟对粮食作物的影响，对水稻需掌握好开花灌浆期的水分管理，开花时要浅灌勤灌，日灌夜排，适时落干，防止断水过早。小麦灌浆期遇到高温热害也需要注意浇好灌浆水，改善田间小气候，以利于灌浆，使籽粒饱满。
- 改革耕作制度，调整水稻播栽期，让水稻灌浆期避开高温天气。
- 选择抗高温品种，在高温出现时喷洒3%的过磷酸钙药液，均有减轻高温伤害的效果。

 果蔬高温热害防御措施

- 对于喜温果树，应该避免播种过迟，并要加强前期管理，以减轻日晒，苗壮也可以提高对高温的抵抗能力。
- 种植较耐热的蔬菜，如冬瓜、丝瓜、豇豆等。
- 套种高秆作物，以增加遮阴降温的效果。
- 适时浇水，通过水分蒸发进行散热降温。
- 覆盖或遮荫栽培，在入夏之后，塑料大棚不撤除，而是适当覆盖以提供遮荫，并且最好是两边撩起通风。

话题4 低温灾害防灾减灾技术

 综合防治对策

- 掌握低温气候规律，调整种植布局。根据低温气候规律，安排品种搭配和播种。

- 利用和改善小气候生态环境，增强抗御低温能力。
- 运用综合栽培技术防御低温冷害。综合的栽培技术应是针对本地区冷害特点、运用品种特性、调整作物比例、改进栽培技术以及加强田间管理等措施。

水稻低温冷害预防

- **实行安全栽培** 根据当地的气候特点，以及水稻各生育期对温度条件的要求和冷害发生规律，以避开低温危害，合理确定水稻安全播种期、抽穗期和成熟期，实行安全栽培。
- **用耐冷早熟品种** 选育或选用适合当地条件的早熟、耐冷、优质高产品种。
- **采用综合栽培技术** 包括适时早播，早插秧，缩短播期以及插秧期；实行薄膜保温育秧或地膜覆盖，提高地温和水温；增施磷、钾肥和有机肥，合理使用氮肥；加强田间管理，防治病虫害；有条件的地区可以喷洒磷、促进型激素、增温剂等，促进作物早熟，避免低温危害。
- **加强低温冷害预报** 根据天气预报抓住冷尾暖头抢晴天播种，以克服低温引起的烂秧。双季稻可根据中长期天气预报安排种植计划，在低温出现早的年份，可以多种些早熟品种，少种迟熟品种，甚至压缩双季晚稻的种植面积；低温出现晚的年份，可考虑多种一些晚熟种和扩大双后季稻或再生稻的种植面积。

小麦低温冷害预防

- **选用抗寒力较强的品种** 要针对当地气候条件、作物茬口、土壤肥力等选择适合的品种。不同品种对低温的敏感程度不同，一般冬性品种较半冬性品种强，半冬性品种比春性品种强。

- **适时播种** 不同麦区的不同品种播种期有所不同，适宜的播种期可以调节小麦在安全拔节期内拔节，以避免过早拔节受冻。
- **建立合理的群体结构** 播种过密或苗期用肥多、田间密度过大的麦田，营养生长过快的主茎易受冻。对于土壤肥力中等偏上的麦田，可以采取精量、半精量播种，降低基本苗，促进个体发育，保证群体质量，使小麦在冬季和早春稳健生长，增强抗御冻害的能力。
- **中耕镇压** 在小麦越冬期，对生长较旺的田块可以进行深中耕，深度6~10厘米，同时进行镇压，达到控制旺苗，抑制地上部分生长，促进根系生长。生长过旺的麦田，一般每隔7~10天再镇压一次效果会更好。
- **麦田理盖** 冬季覆盖秸秆，每亩150公斤左右，也可以覆盖有机肥，以达到保温、保墒、增肥的作用。还可以在中耕松土后，将清沟的碎土覆盖在麦苗上，抑制茎叶生长。

玉米冷害后春管措施

- **及时护根起垄** 护根起垄，增加日照面积，提高土壤温度，促进根系发育，加快根系的代谢。根系恢复生长后，有利于地上部新叶的分化和生长，既加强了同化作用，又利于制造有机物质供给根的生长。
- **增施肥料** 需要注意的是，冷害后的幼苗吸肥能力会变弱，追肥过多反而不利于植株恢复生长。
- **及时查苗补苗** 补栽成活后，要施用适量的速效性肥料，促进生长以保证苗齐。缺苗较多时，要及时补种。如果季节晚或成活苗过少，可补种其他作物（如豆类等），以保证单位面积作物总产量和总收入。

- **提苗升级** 冷害在株间反应不一样，加上地段、地力、种子整齐度和播种质量等因素的影响，往往造成幼苗生长不齐，恢复生长后差别更大，应及时对弱苗、小苗、受害较重的苗进行偏水、偏肥管理，促进二、三级苗升级，使株间生长尽量一致。

 茄果类蔬菜育苗时寒潮预防措施

- **合理确定播期** 茄果类冬季育苗播期一般选择在上一年的9—10月份，让幼苗在入冬以前已具备2~3片真叶，并在冬前移苗1次以促进根系发育，提高幼苗抗寒能力。一般大苗比幼苗更具抗寒性。

- **保持苗床干燥** 低温潮湿是茄果类苗期病害发生的主要原因。因此，在育苗期应保持苗床四周滤水，床土适度干燥，这样既能减少病菌入侵机会，又有利于培育壮苗，提高幼苗抗逆性。

- **酌情增加覆盖物** 当日最低气温在2℃以上时，一般苗床夜间使用一层薄膜小拱棚即可；当最低气温在0~2℃时，小拱棚晚上一定要再加盖一层草帘；当最低气温在0℃以下时，应特别注意加盖草帘，检查小棚密封性，尽量少开大棚，在寒潮来临前2~3天即停止浇水。

- **适当通风炼苗** 炼苗是提高幼苗抗寒性的另一条有效途径，一般在寒潮前或寒潮后晴天9~15时尽量去掉覆盖物通气透光，但通风过程必须逐步进行，不能猛揭猛盖，以免"闪苗"。在有阳光时，不论温度高低都应揭去草帘。

当棚内温度高于25℃时要及时通风降温,以防幼苗徒长而降低其抗寒性。

● **加强病害防治** 在寒潮经过期间及寒潮过后,茄果类蔬菜易发生的苗期病害主要有灰霉病、猝倒病、立枯病,均属低温病害。

小麦雪灾防治

● 积雪融化后,如田间积水,应及时清沟排水,防止渍害。

● 麦田积雪融化、土壤解冻之后,麦苗开始恢复生长时,迅速组织人力进行田间追肥,一般每亩追施尿素5公斤。冻害严重、苗情差、土壤肥力较低的麦田应多施,反之应适当减少。

● 冰雪天气后麦苗受雪、冻害,机体抵抗力下降,要及时做好病虫监测与防治工作。

话题5 阴雨、渍害防灾减灾技术

综合防治对策

● 掌握天气气候的变化规律,安排好农事活动,使播种、收获等关键农事活动尽量避免连阴雨出现的时段。

● 如遇连阴雨,麦田、油菜田应及时清沟、排水;水稻秧田搞好水层管理,切忌长期漫灌,防止秧苗缺氧致死;棉田也应清沟理墒,防止积水。

● 提倡薄膜育秧和工厂化育秧。

● 收获季节要特别注意收听当地气象台站的天气预

报，组织人力及时抢收、脱粒、加热烘干。

 小麦渍害防治

- 搞好沟系的配套建设，开好田内沟、田外沟，田内沟要做到明、暗沟结合，明沟应对地面水，暗沟用以降地下水。
- 尽量防止多年连续免耕。适当的翻耕，可改善土壤结构，降低耕层的含水。
- 合理轮作，尽量使用有机肥，有效利用秸秆还田，促进根系生长。
- 排涝降渍后，结合除草进行中耕。
- 渍害发生后，应注意防病虫害。

 减轻连续阴雨对油菜影响的方法

刚脱粒的油菜籽，一般含水量20%~30%，在阴雨的情况下，不能很快晒干，为了防止菜籽发芽霉烂，用密封保存的办法。但需注意以下几点：

- 密封保存的菜籽，很容易丧失发芽力，保存时间越长，发芽力丧失越彻底。因此，经密封保存的菜籽不宜作种子用，只可以榨油。
- 密封保存时要有专人负责，定时检查，防止鼠咬和家禽啄食。如有漏洞，应立即修补，泥封处如有裂缝，要用稀泥糊好。密封的缸、桶内，由于菜籽呼出二氧化碳，呈现气体膨胀，薄膜鼓起，不用着急，不久会瘪下去。拆封时室内门窗要打开，使空气流通，以免堆内散出的二氧化碳引起中毒，发生意外。拆封时，应在晴天进行，拆开后，菜籽要立刻摊开晒干。

受涝害的芝麻补救措施

芝麻对水分的反应很敏感,农谚有"天旱收一半,雨涝不见面"之说。涝害,不仅严重降低芝麻的产量和品质,甚至会导致颗粒无收。增强芝麻抗涝耐渍能力主要措施有:

1. 加强田间管理

- 窄厢深沟,雨后清沟,保持沟路畅通,排明水,滤暗水。
- 合理施肥,氮、磷、钾配合施用。
- 早、中耕松土,早间苗、定苗,促根系健壮深扎。

2. 进行生长调理,喷助壮素或缩节胺

选用助壮素或缩节胺,浓度为50~80毫升/公斤(在50公斤水中,加有效浓度为25%的助壮素10~16毫升),另加0.2%的磷酸二氢钾100克一同喷施,可使芝麻在阴雨弱光下,多制造养料,促进根系生长,加强吸收和运输能力。若开花期雨水多,肥足,株壮,可喷100~150毫升/公斤助壮素,即在50公斤水中加助壮素20~30毫升,另加0.2%的磷酸二氢钾一同喷施,可减轻涝灾损失。在芝麻生育期间多雨,可喷麦饭石浓缩液1 000~2 000倍,隔10天左右喷1次,共喷2次,可促根系健壮,结荚部位低,根系粗壮。

话题6 风害防灾减灾技术

 综合防治对策

- 营造农田防护网,减轻作物受害。生产中应根据树

种的抗风性能及大风的特点合理营造防风林网。

- 合理布局作物,使作物生长关键期避开大风高峰期。
- 在大风频繁的地区,大棚蔬菜生产尽量搭建骨架式蔬菜大棚。

 小麦遇风倒伏防治

瞬时最大风速大于 17.2 米/秒的大风,可造成小麦发生倒伏。防治对策如下:

- 选用抗逆性强、综合性状好的抗倒伏品种。
- 播种前种子用矮壮素原粉兑水后,均匀拌种,晾干后播种。或者用多效唑喷洒在麦种上,晾干后播种。
- 推广宽窄行种植,对预防倒伏有很重要的作用。
- 高产麦田一定要及时浇好冬水、拔节水、灌浆水,一般不浇返青水和麦黄水。春季返青起身期以控制为主,控制水肥,拔节后再浇水,酌情追肥缩短基部节间长度,利于抗倒伏。后期如需浇水,掌握风雨前不浇、有风雨停浇的原则。
- 注意病虫害的防治,一旦达到防治标准,及时喷药,增加小麦抗逆力和抗倒伏能力。

 玉米风灾防治方法

玉米是高秆作物,如遇风灾损失比较严重,主要表现为倒伏和茎秆折断,受了风灾以后,玉米的光合作用下降,营养物质运输受阻,加上病虫鼠害,产量大幅度下降。提高玉米抗风灾能力应注意以下四点:

1. 选用抗灾能力强的良种

宜选用株型紧凑、茎秆组织较致密、抗风能力强的高产优质玉米品种。

2. 健身栽培,培育壮苗

搞好健身栽培,培育壮苗是提高玉米抵御风灾能力的重要措施。

- 要适当深耕,增施有机肥和磷、钾肥,切忌偏肥,尤其是速效氮肥。
- 应适时早播,注意早管,特别是高肥水地块苗期应注意蹲苗,结合中耕促进根系发育,培育壮苗。
- 中后期结合追肥进行中耕培土拥蔸,并做好玉米螟等病虫的防治工作。

3. 适当调整玉米种植行向

东西行向是玉米种植较多的一个行向,然而,在风灾较为严重的地区就有一定的局限性。由于玉米的株距一般是行距的1/2左右,行间的气流疏导能力远大于株间,当行向的气流来临时,由于株距较小,可以从后面植株获取一定的支撑力,抗风力就有所加强,反之当气流与行向垂直时就会使风灾的危害更大。在对抗风灾时,还可以将迎风面玉米2~3株将穗部捆扎一起,使其形成一个三角形,从而增强其抗风能力。

4. 大力开展植树造林,构建防风林带

在风灾严重的地区,应将植树造林、构建防风林带与玉米抗风栽培技术有机地结合起来。据测,防风带的保护范围是其株高的20倍左右,如果在风灾严重地区适当规划,种植防风林带,可有效地降低风灾危害。

话题7　冰雹防灾减灾技术

 综合防治对策

- 人工消雹。
- 大力种草植树，绿化荒山，封山育林，改善气候条件，减小冰雹发生频率。
- 掌握冰雹发生规律，改善农、林、结构。选择抗雹能力强的作物，调整好播种期，尽量避开冰雹。
- 随时关注天气预报，做好防范准备。
- 雹灾过后及时采取补救措施。

 冰雹后蔬菜生产恢复措施

由于蔬菜多为阔叶草本植物，其食用部位一般柔嫩多汁，故冰雹过后对蔬菜的影响很大。一般应根据不同作物及不同受害程度采取相应措施恢复蔬菜生产。

- 茄果类蔬菜属再生能力较强的蔬菜种类，如果受冰雹危害程度较轻，可将植株进行适当修剪后追施速效肥（氮肥）促其早发枝新叶，较快恢复生产能力。如果幼苗受害或成株受害较重，则应酌情换茬，改种一些速生蔬菜。
- 豆类蔬菜受害后，由于其植株再生、再发能力弱，而适宜播期较长，重播成本相对较低，故一般将残枝败叶清除后重新播种。1~2个月后即可恢复生产。
- 瓜类蔬菜由于叶面积较大，故受冰雹危害较大，而瓜类蔬菜生长期长，育苗期也长，故受害后除黄瓜外一般应改种其他蔬菜。但由于瓜类蔬菜的整地、施肥、开厢方式与其他蔬菜差异较大，故一般可补种一季 40~60 天速生叶类蔬菜，收获后可不改变沟厢再接一季返秋瓜类蔬菜。

- 速生叶类蔬菜由于生长期短，受灾后半月内即可再补种一季。由于葱、蒜类蔬菜再生分株力强，叶片垂直而小，故受冰雹的影响一般不大。

 玉米雹灾防治

玉米在发芽出苗期遭受雹灾，容易造成土壤板结，地温下降，影响种子发芽和出苗。玉米苗期遭受雹灾，只要生长点未被破坏，一般不轻易翻种，而应加强田间管理。一般可采取如下措施：

- 灾后及时疏松土壤，以利增温通气。
- 雹灾过后，及时剪去枯叶和烂叶，以促进新叶生长。
- 雹灾过后，地温下降，地面板结，应及时进行划锄、松土，以提高地温，促苗早发。
- 灾后及时追肥，对植株恢复生长具有明显的促进作用。

 棉花雹灾防治

- 及时中耕松土。雹灾过后必须及早进行中耕、晾墒，以增温通气，控制死苗，促使早发。

对于顶心完好、断枝破叶的棉株，要及早去掉赘芽和疯杈，以保证顶心生长；顶心被破坏，仅留残叶及少量果枝的棉株，可在主茎上部选留1~2个大芽，代替顶心生长；在大部分新枝开始现蕾后，及时去除无效蕾枝，并适当早打顶，争取使棉花多结有效铃。

- 追施速效氮肥。灾后及时追肥,可以改善棉株营养状况,尽快恢复生长,促进后期生长发育,以减轻灾害损失。
- 科学整枝。受灾后棉株恢复生长后,易多头丛生,不利于现蕾结铃,必须合理修剪。
- 及时治虫。棉株受灾后萌发的枝叶幼嫩,前期易受蚜虫危害,后期易受棉铃虫等害虫危害。

第五讲
畜禽养殖

话题1 健康养殖品种和繁育

 健康养殖的概念是什么？

健康养殖是指在无污染的养殖环境下，采用科学、先进和合理的养殖技术手段，从而获得质量好、产量高的产品，且产品及环境均无污染，达到畜禽和自然的和谐，在经济上、社会上、生态上产生综合效益，并能保持稳定、持续发展的一种养殖方式。

> **专家提醒** 健康养殖的概念具有系统性的内涵。健康养殖是一个系统工程，需要全盘考虑、整体规划，采取系统全面、科学合理的措施。只有在养殖环境中有机地将饲料与营养、病害控制、品种、养殖技术、管理等环节结合起来，才能形成一个健康的养殖业。

 健康养殖有哪些内容？

健康养殖应包括以下几个方面：

- 合理利用资源，包括土地、水、畜禽种、饲料等；

- 人为控制养殖生态环境条件,养殖环境尽量满足养殖对象的生长、发育、繁殖和生产需要;
- 各种养殖模式和防疫手段能使养殖对象保持正常的活动和生理机能,并尽可能通过养殖对象的自身免疫系统,抵御病原侵入以及环境的突然变化;
- 投喂适当的且能全面满足其营养需求的饲料;
- 有效防止疾病的大规模发生,最大可能地减少疾病危害;
- 养殖产品无污染、无药物残留、安全优质;
- 养殖环境无污染,养殖废弃物未经处理不得排放。

畜禽的分类

- 我国的畜禽养殖种类主要有牛、羊、猪、鸡、鸭、鹅,见表5—1。

表5—1　　　　　　　我国的畜禽养殖种类

畜禽种类		品种名称
猪		大约克夏猪、长白猪、杜洛克猪、汉普夏猪、皮特兰猪、苏太猪、北京黑猪等
鸡	蛋鸡品种	罗曼蛋鸡、依莎蛋鸡、海兰蛋鸡、尼克蛋鸡、海塞克斯蛋鸡等
	肉鸡品种	AA肉鸡(爱拔益加肉鸡)、艾维茵肉鸡、京星矮脚黄羽肉鸡、岭南肉鸡等
鸭	肉用型鸭	樱桃谷鸭、北京鸭等
	蛋用型鸭	绍兴鸭、咔叽—康贝尔鸭等
鹅		太湖鹅、狮头鹅、郎德鹅、莱茵鹅等

续表

畜禽种类	品种名称	
羊	杜泊羊、波尔山羊、南江黄羊、萨福克羊、夏洛莱羊、无角道赛特羊等	
牛	肉牛品种	肉用短角牛、中国西门塔尔牛、西门塔尔牛、海福特牛等
	奶牛的品种	娟珊牛、荷斯坦牛、中国荷斯坦牛等

● 常见的养殖畜禽种类有北京黑猪、长白猪、海兰蛋鸡、AA肉鸡、北京鸭、绍兴鸭、狮头鹅、莱茵鹅、杜泊羊、南江黄羊、西门塔尔牛、荷斯坦牛。

图5—1 北京黑猪

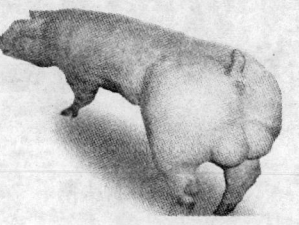
图5—2 长白猪

图5—3 海兰蛋鸡

图5—4 AA肉鸡

图 5—5 北京鸭

图 5—6 绍兴鸭

图 5—7 狮头鹅

图 5—8 莱茵鹅

图 5—9 杜泊羊

图 5—10 南江黄羊

图5—11　西门塔尔牛　　　　图5—12　荷斯坦牛

畜禽的繁殖技术

- **人工授精技术**　人工授精技术已经相当普及,给畜牧业带来了巨大的经济效益。
- **配子与胚胎生物工程**　主要技术有胚胎移植、体外受精、性别控制、胚胎分割、核移植技术、转基因技术等。

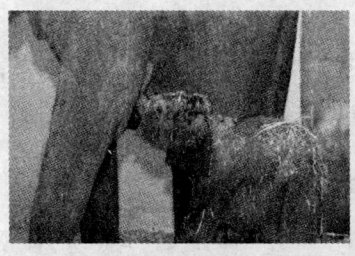 

图5—13　世界上第11头通过人工授精出生的亚洲象　　　　图5—14　没有一点血缘关系的羊

图5—15 日本克隆的梅山猪

话题2　养殖环境　重在管理

改善和控制畜禽养殖环境的必要性

为了给畜禽养殖提供适宜的环境条件，畜禽生产应当结合当地实际条件，借鉴国内外先进科学技术，采用适当的环境监控措施，改善畜禽舍内的小气候，以提高生产效率与经济效益。

畜禽养殖环境的改善与控制主要包括畜禽舍的防寒、降暑、通风换气及采光几个方面。

畜禽舍的保温与隔热

1. 畜禽舍的保温和供暖

（1）畜禽舍的保温防寒措施

● **畜禽舍的建筑形式**　畜舍的建筑形式要考虑当地冬季寒冷程度和饲养畜禽的种类及饲养阶段。严寒地区应选择有窗式或密闭式畜舍，冬冷夏热地区的成年畜禽舍可以考虑选用半开放式，冬季需要搭设塑料棚或设塑料薄膜窗保温。奶牛耐寒不耐热，可以采用半钟楼式或钟楼式，利于夏季防暑。

- **畜禽舍的朝向** 畜禽舍的朝向应根据本地风向频率，结合防寒、防暑要求确定适宜朝向。
- **外围护结构的面积** 外围护结构的面积与畜禽舍的失热量成正比，因此，减少外墙与屋顶的面积能起到有效的防寒作用。在寒冷地区，屋顶吊装天棚具有重要的防寒保温作用。在以防寒为主的地区，畜舍高度一般为2.7～3.0米，吊顶下高度不宜低于2.4米。
- **舍内地面保温** 地面的保温隔热性能直接影响地面平养畜禽的体热调节及舍内热量的散失。一般在家畜的畜床上设木板或塑料等，或铺设垫草。

（2）畜禽舍内的供暖措施

各种防寒措施仍不能达到舍温的要求时，必须采取供暖措施。畜禽舍的供暖根据具体情况，分为集中供暖和局部供暖。

2. 畜禽舍的防暑与降温

生产实践中，高温对畜禽健康与生产力的负面影响比低温还大，从生理上来看，畜禽一般比较耐寒怕热。为此，防暑与降温对畜禽生产的经济效益起到关键作用。

（1）畜禽舍的防暑措施

外围防护的隔热。在炎热的夏季，畜禽舍内的热量来源主要是通过外围护传入的热及畜体产生的热量。因此，通过加大外围护结构夏季总热阻，降低总衰减度及延长总延迟时间来控制其内表面温度不致过高、变化不致过快。

（2）畜禽的降温措施

- **蒸发降温** 主要是通过畜体蒸发散热和环境蒸发降温，主要有淋浴、喷雾剂蒸发热等方式。
- **机械降温** 通过机械送出的冷风与畜禽舍内进行热交换而达到降温的目的。
- **地热降温** 利用地下恒温层，用某种设备使外界空气与该处地层换热，可利用其能量使畜禽舍供暖或降温。一般在地面0.6米下埋风管，并与畜禽舍内中央风管相通。

 **畜禽舍的通风与换气**

自然通风分为两种，一种是无专门进气管和排气管，依靠门窗进行的通风换气，在温暖地区和寒冷地区的温暖季节使用；另一种是设置专门的进气管和排气管，通过专门管道调节进行通风换气，适用于寒冷地区或温暖地区的寒冷季节。

机械通风也称强制通风或人工通风，根据风机造成的畜禽舍内气压的变化，分为负压通风、正压通风和正负压联合通风3种方式。封闭式畜禽舍应设置机械通风。

畜禽舍的采光

1. 自然采光

自然光照取决于通过畜禽舍开露部分或窗户透入的太阳直射光和散射光的量。为保证畜禽充足的采光，畜禽舍窗户的位置、形状、数量和面积应根据畜舍的朝向、舍外情况、入射角与透光角等诸多因素来设计。

2. 人工光照

影响人工光照的因素主要有光源、灯的高度、灯的分布以及有无灯罩。

- **光源** 畜禽一般可以看到波长为400~700纳米的光线，所以用白炽灯或荧光灯均可。
- **灯的高度** 一般灯的高度为2.0~2.4米。
- **灯的分布** 为了使舍内的照度比较均匀，应适当降低每个灯的瓦数，而增加舍内的总装灯数。
- **灯罩** 灯罩可使光照强度增加50%。反光罩以直径25~30厘米伞形反光灯罩为宜。

话题3 饲料选择 重在营养

畜禽常用饲料原料

畜禽饲料原料种类繁多，根据国际分类原则，按照饲料的营养特性，我国将饲料分为八大类，即青绿饲料、青储饲料、粗饲料、能量饲料、蛋白质饲料、矿物质饲料、维生素饲料、添加剂饲料。

- **青绿饲料** 水分含量在60%以上的青绿饲料、树叶类以及非淀粉质的块茎、块根、瓜果类。
- **青储饲料** 用新鲜的天然性植物调制成的青储饲料，包括水分含量在45%~55%的低水分青储（半干青储）料。
- **粗饲料** 以干物质计算，粗纤维含量高于18%，如干草类、农副产品类（秸秆、壳、藤）、糟渣类和树叶类等。
- **能量饲料** 干物质中粗纤维含量低于18%，蛋白质含量低于20%的饲料，如谷物、淀粉质块根、块茎、糠麸类等。
- **蛋白质饲料** 干物质中蛋白质含量为20%以上，粗纤维含量低于18%的饲料，如豆类、饼粕类、动物性饲料等。
- **矿物质饲料** 包括工业合成的、天然的单种矿物质饲料，多种混合的矿物饲料以及有载体的微量元素、常量元素的矿物质饲料。

- **维生素饲料** 指工业合成或提纯的单种维生素或复合维生素，但不包括某一种或几种维生素含量较多的天然饲料。
- **饲料添加剂** 包括防腐剂、着色剂、抗氧化剂、香味剂、生长促进剂和各种药物性添加剂，但不包括矿物质和维生素饲料。

畜禽饲料加工工艺过程

配合饲料的生产是把各种饲料原料在清除各种杂质后，经必要的粉碎，按照配方进行计量、混合，根据要求制成一定形状的饲料。

配合饲料生产工艺流程一般包括清理、粉碎、计量、混合等工序。配合饲料生产工艺流程如图5—16所示。

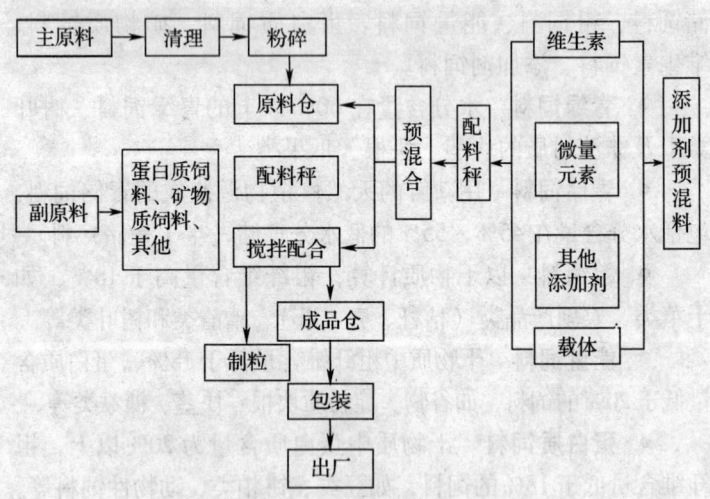

图5—16 配合饲料生产工艺流程

 **畜禽饲料如何配合**

畜禽的配合饲料根据营养成分可分为营养平衡配合饲料、添加剂预混合饲料、浓缩饲料等。

- **营养平衡饲料** 包括能量、蛋白质、矿物质、粗脂肪、粗纤维及维生素等全面营养,可以满足畜禽不同生长阶段和不同生产用途的需要,是用于直接饲喂的营养平衡营养饲粮,无须再添加任何其他成分。

- **添加剂预混合饲料(简称预混料)** 包括单一型和复合型两种。单一型预混料是同种类物质组成的预混料,如多种维生素预混料、复合微量元素预混料等;复合预混料是由两种或两种以上添加剂与载体或稀释剂按一定比例配制而成的产品。

- **浓缩饲料** 其突出特点是除能量指标外,其余营养成分的浓度很高,粗蛋白含量可达25%~45%。使用浓缩饲料时,只需按说明添加定量玉米、麸皮等能量饲料和豆粕,即配成营养平衡饲料。

话题4 畜禽疾病 安全防治

 牛的常见病防治

1. 牛口蹄疫

口蹄疫俗称"口疮""蹄癀",其临床特征是在口腔黏膜、蹄部和乳房皮肤等处发生水疱和溃烂。防治牛口蹄疫措施主要有以下几个方面:

- **报告、确诊** 当疑有口蹄疫发生时,应立即报告当地农牧主管部门，同时采集水疱皮和水疱液送有关部门确诊。

- **划定疫区** 在疫区内严格采取捕杀、封锁、隔离、消毒措施。禁止疫区内的家畜和畜产品移动。在最后一头病畜处理完毕15天后，进行一次彻底消毒，才能解除封锁。
- **疫点、疫区严格消毒** 粪便堆积发酵处理；畜舍地面和用具以1%~2%烧碱消毒，墙壁用10%石灰水喷洒消毒；运输病牛的车辆、船舶，要用过氧乙酸进行彻底清洗消毒。
- **预防接种** 疫区和受威胁地区的易感动物（猪），用当地流行口蹄疫病毒的灭活苗，进行预防接种，以提高抵抗力。
- 平时要积极做好防疫、检疫工作，严禁到疫区引进家畜和畜产品。

案例 2010年5月18日，日本西部九州岛宫崎县宣布进入紧急状态，以阻止家畜口蹄疫进一步蔓延。当地估计，捕杀的牛和猪数量将超10万头，经济已损失超160亿日元（约合11.8亿元人民币）。

---

2. 牛流行热

牛流行热病目前尚无特效药，发病后一般实施对症治疗。

- 在治疗病牛的同时，加强对病牛的护理。如卧地不起者，每天人工翻身2次或设法吊立数次。

- 根据本病的流行规律,做好本病的预测预报和疫苗注射工作。
- 早发现、早隔离、早治疗。
- 消灭蚊蝇,减少疾病传染。

 **猪常见病的防治**

1. 猪瘟

猪瘟又名猪霍乱,俗称"烂肠瘟",是由猪瘟病毒引起的一种急性、热性、高度接触性传染病。发现猪瘟疫情要及时报告农业主管部门,目前治疗尚无有效药物,主要采取以预防接种为主的综合性防疫措施。

- 平时要加强检疫、检验,防止引入病猪、病肉,切断传染途径,坚持免疫接种。仔猪在20日龄时首次免疫接种,55～60日龄时做第二次;对选留的后备种猪,可在参加配种前做第二次免疫接种。
- 发现病猪时应立即封锁隔离,待最后一头病猪死亡或宰杀后3周,经过彻底消毒才可解除封锁。
- 及时捕杀病猪,并严格进行无害化处理,对死猪应择地掘坑深埋,发病猪舍和用具、死猪和病猪捕杀污染的场地均应彻底消毒。对同舍和邻近猪舍的假定健康猪,应采用猪瘟疫苗紧急接种,剂量可加大到3倍。对初生猪应在吃奶前接种,过1小时再哺初奶,到55～60日龄再行免疫,以加强免疫效果。

2. 猪流行性腹泻

防治猪流行性腹泻的措施有以下两种:

(1) 鸡新城疫Ⅰ系苗干扰防治

即用鸡新城疫Ⅰ系苗加生理盐水按1:100比例稀释,在4小时内用完,按仔猪3~5毫升、中猪5~10毫升、大猪10~20毫升的剂量,进行皮下或肌肉注射,最好在交巢穴处注射。一般注射一次后就会停止腹泻,对第二天仍有腹泻的猪可再注射一次。此法对未发病的猪也有较好的预防效果。

(2) 饮水疗法

对病猪停喂饲料,采取饥饿疗法,但应充分供给饮水,用以下3种饮水疗法可缩短病程,促进康复:

- **补液盐(ORS)饮水**　即在1 000毫升饮水中加入口服葡萄糖20克、氯化钠3.5克、碳酸氢钠3.5克、氯化钾1.5克,溶解后让病猪自饮。
- 按病猪体重每公斤在饮水中加入消毒药病毒灵15~20毫克或5%新洁尔灭0.3毫克,每天2次让猪自饮,可缩短病程。
- **补糖补液**　对有病仔猪用5%葡萄糖生理盐水,直接腹腔注射,按每公斤体重每次5毫升、每天2次注射,以免仔猪过分脱水缺钠。

常见禽病的防治

1. 鸡传染性法氏囊病

鸡传染性法氏囊病是由病毒引起的一种急性接触性传染病。病鸡精神萎顿,拉白色水样稀粪。死后剖检以脱水,胸肌、腿肌出血,肾小管尿酸盐沉积和法氏囊肿大、出血为特征。防治方法主要从以下几方面着手:

- **加强饲养管理**　鸡舍应宽敞、清洁卫生,及时清除粪便,保持鸡舍通风良好,适当增加维生素和矿物质,增强抵抗力。

- **鸡舍带鸡消毒** 用0.1%~0.3%过氧乙酸、次氯酸钠等消毒剂，按每立方米空间30毫升喷雾。
- **免疫接种** 市场上有多种活疫苗销售，应谨慎选用。在免疫程序方面，要根据检测母源抗体情况确定首免日龄。一般情况下，蛋鸡和种鸡在雏鸡阶段用活疫苗免疫2次，产蛋前再用灭活疫苗免疫1次。
- **应用抗菌药物** 防止继发感染，可降低"三病"的死亡率。

2. 鸭瘟

鸭瘟是一种急性败血性传染病。临床特征为发高热，两脚发软，下痢，粪便呈绿色，流泪和头颈部肿大。本病传染迅速，发病率和死亡率都很高，鸭群感染以后，往往引起大批死亡。

目前对鸭瘟尚无特效药物治疗，但病愈鸭或人工免疫的鸭均获得很强的免疫力。免疫的母鸭可以通过蛋给雏鸭被动免疫，但免疫力不够持久。目前使用的鸭瘟鸭胚弱毒疫苗安全有效，雏鸭接种疫苗后，免疫期可达6个月；成年鸭接种弱毒疫苗后，免疫期可达1年。

预防的主要措施是不从疫区引进鸭子，不到疫区放牧。一旦发生鸭瘟，必须采取严格的隔离和消毒措施，对鸭群进行紧急预防接种，立即用鸭瘟活疫苗注射，一般在接种后1周内死亡率显著降低。要严禁病鸭出售，停止放牧，防止散播病毒。被污染的用具和场所必须消毒。

3. 鹅的鸭瘟病

在养鸭较多的地方鹅、鸭混养，以及鸭瘟病流行疫区，鸭瘟病毒可感染鹅而使鹅发生鸭瘟病。鹅的鸭瘟病多发于养鸭旺季的盛夏和秋初，不同日龄的鹅均可发病。通常在鸭群发病后不久，鹅群开始发病，3~5天后波及全群，病程2~6周，发病率20%~50%，死亡率90%以上。病鹅流泪，眼睑水肿，结膜充血，头颈肿大，呼吸困难，腹泻。

预防措施：一是不要鸭、鹅混养。二是可用鸭瘟弱毒疫苗免疫鹅群。雏鹅20日龄首免，60日龄二免，种鹅在开产前半月三免，成鹅以后每年免疫两次。用鸭瘟疫苗免疫鹅，其疫苗用量为鸭免疫剂量的3~4倍。

4. 鸭疫巴氏杆菌病

鸭疫巴氏杆菌病是由里默氏杆菌引起，以侵害2~7周龄雏鸭为主，同时也可感染鹅及其他家禽。鹅患此病与饲养密度大、空气污浊、圈舍湿度大、饲养管理差、饲料营养水平低以及鹅群常有应激情况等有很大关系。鹅患此病的死亡率较鸭高，特别幼龄鹅感染此病死亡率高达70%左右。急性死亡则无症状，2~3周龄雏鹅发病病程1~3天，主要表现为咳嗽、打喷嚏、眼睛、鼻分泌物增多，呼吸困难，部分鼻窦扩张，死前有神经症状。4~7周龄发病病程一周左右。

预防措施：

- 用灭活疫苗，10日龄左右首免，首免后2~3周二次免疫。种鹅可于开产前2周免疫，以后种鹅每年开产前2周免疫一次，以保护雏鹅早期感染。
- 由于此病是细菌感染引起的疾病，可用氯霉素、磺胺、恩诺沙星等多种抗生素药物预防和治疗。

羊主要传染病及其防治方法

1. 口蹄疫

羊口蹄疫是由口蹄疫病毒引起的偶蹄类动物共患的急性、热性、高度接触性传染病。

羊只发生口蹄疫后，一般经 10~14 天可望自愈。为促进病畜早日康复，缩短病程，特别是防止感染和死亡，在严格隔离条件下，及时对病羊进行治疗。

对病羊首先要加强护理，例如圈棚干燥，通风良好，供给柔软饲料（如青草、面汤、米汤等）和清洁的饮水，经常消毒圈棚。在加强护理的同时，根据患病部位不同，给予不同治疗。

- **口腔患病** 用 0.1%~0.2% 高锰酸钾、0.2% 福尔马林、2%~3% 明矾或 2%~3% 醋酸（或食醋）清洗口腔，然后给溃烂面上涂抹碘甘油或 1%~3% 硫酸铜，也可撒布冰硼散。

- **蹄部患病** 用 3% 臭药水、3% 煤酚皂溶液、1% 福尔马林或 3%~5% 硫酸铜浸泡蹄子。也可以用消毒软膏（如 1:1 的木焦油凡士林）或 10% 碘酊涂抹，然后用绷带包裹起来。最好不要多洗蹄子，因潮湿会妨碍痊愈。

- **乳房患病** 应小心挤奶，用 2%~3% 硼酸水清洗乳头，然后涂以消毒药膏。

- **恶性口蹄疫** 对于恶性口蹄疫的病羊，应特别注意心脏机能的保护，及时应用强心剂和葡萄糖注射液。为了预防和治疗继发性感染，也可以肌肉注射青霉素。

口服结晶樟脑，每次 1 克，每天 2 次，效果良好，而且有防止发展为恶性口蹄疫的作用。

> **专家提醒**
>
> ◆ 发病后要及时上报,划定疫区,由动物检疫部门捕杀、销毁疫点内的同群易感家畜;被污染圈舍、用具、环境严格彻底消毒;封锁疫区防止易感畜及其产品运输,把病源消灭在疫区内。
>
> ◆ 对威胁区的易感家畜紧急接种疫苗防止疫病的扩散。
>
> ◆ 该病只能预防,无治疗药品。

2. 胃肠炎

临床与羊传染性脓疱病鉴别:羊传染性脓疱病发生于1周岁以下的幼龄羊,特征为口唇郏部水疱、脓疱及疣状痂,在齿龈、舌面、唇内也有脓、疣状厚痂的疱,但不流涎。初期体温变化不大。

防治方法:

- 发病后要及时上报,划定疫区,由动物检疫部门捕杀销毁疫点内的同群易感家畜;被污染圈舍、用具、环境严格彻底消毒;封锁疫区防止易感畜及其产品运输,把病源消灭在疫区内。
- 对威胁区的易感家畜紧急接种疫苗防止疫病的扩散。
- 该病只能预防,无治疗药品。

3. 羊快疫

本病病原为腐败梭菌引起,发生于绵羊的一种急性传染病。特征是突然发病,病程短促,真胃出血,炎性损害,该病以预防为主。

防治措施：

- 用羊三联苗进行预防注射。湿苗每年春秋两次，子苗每年一次。

- 羊以舍饲为好，防止放牧时误食被病菌污染的饲料和饮水。

- 注意舍内的保暖通风，饲料更换时要逐渐完成，不要突然改变。

- 可肌注青霉素，每次80万~160万单位，首次剂量加倍，每天3次，连用3~4天。或内服磺胺脒0.2克/公斤体重，第二天减半，连用3~4天。

话题5 畜禽粪便 科学利用

畜禽粪便的特点

粪便是养殖场最主要的废弃物，妥善处理好粪便是解决养殖场环境问题的主要方面。在处理与利用粪便中，首先要了解粪便的特点才行。

- **粪便的化学特点** 粪便中含有钙、磷、镁、钾、钠等元素，含有蛋白质、氨基酸、尿素等物质。粪便中无氮浸出物主要是未消化的多糖（淀粉和果胶）、二糖（蔗糖、麦芽糖、异麦芽糖和乳糖）和单糖。

- **粪便的生物学特点** 粪便中的微生物主要有正常微生物和病原微生物两类。正常微生物包括葡萄球菌、大肠杆菌、酵母菌等。病原微生物包括黑曲霉菌、青霉菌、黄曲霉菌、病毒等。粪便中的毒物大部分是来自于病原微生物和病毒的代谢产物以及饲料的残留物。粪便中也可能有寄生虫，如蛔虫、球虫、钩虫、血吸虫等。

• **粪便的肥效** 粪便可以提高土壤的有机质含量和腐殖质活性，使土壤的通风透气性保持良好；可向土壤补充有机态氮、有机磷、锌、锰、钾等，促进微生物和植物生长；提高土壤微生物活性，加速微生物分解土壤粪肥养分的速度。

粪便的科学利用

1. 用作植物生长的肥料

粪便用作肥料是最经济、最根本的出路，也是最为常用的利用方法。常用的方法有三种：

• **高温堆肥** 粪便与其他有机物，如杂草、秸秆、垃圾混合，堆积，控制相对湿度为70%左右，使微生物大量繁殖，导致有机物分解、转化为植物能吸收的无机物和腐殖质。另外堆肥中产生的高温使病原微生物及寄生虫卵死亡，达到无害化处理的要求，同时获得有机的肥料。

• **干燥处理** 利用燃料、太阳能、风能等，对粪便进行脱水处理，使粪便快速干燥，以保持粪便养分，除去粪便臭味，杀死病原微生物和寄生虫。

• **药物处理** 在急需用肥的季节或在传染病和寄生虫严重流行的地区，为了快速杀灭粪便中的病原微生物和寄生虫卵，可采用化学药物消毒、杀虫、杀卵。

药物处理常用的药物有尿素，添加量为粪便1%；敌百虫，添加量为10毫克/公斤；碳酸氢铵，添加量为0.4%；硝酸铵，添加量为1%。

2. 生产沼气

畜禽粪便在厌氧环境中,在适宜的温度、湿度、酸碱度、碳氮比等条件下,通过厌氧微生物发酵作用产生一种以甲烷为主的可燃性气体。

- **优点** 无须通气,也不需要翻堆,能耗省、维护费用低。
- **缺点** 沼气池占用面积大,发酵周期长,脱水干燥效果差。

3. 通过水体食物链的处理利用

粪便适当地投到水体中,将有利于水中藻类的生长和繁殖,使水体能保持鱼良好的生长环境。

话题6　安全屠宰　保证质量

 *畜禽屠宰加工厂（场）的环境要求*

畜禽加工厂（场）应建在远离水源保护区和饮用水取水口,地下水位应低于地面0.5米以下;厂（场）周围3公里内无化工厂、皮革厂、矿厂、畜禽饲养场或其他畜牧场污染源;厂（场）应距离交通要道、居民区和公共场所1公里以上。屠宰加工用水和肉品深加工用水水质必须达到《无公害食品—畜禽产品加工用水水质》（NY 5028—2008）的要求。

 *畜禽屠宰厂车间及设施的卫生要求*

- **地面及排水**　地面应不渗水、不积水、防滑,无

裂缝，易于清洗消毒；排水系统应有防止固体废弃物进入的装置；排水沟为明沟或加盖，沟底角应呈弧形；排水管应为S形或U形，有防鼠及防止臭味溢出的水封装置。

- **通风及照明设施** 车间应设有通风和蒸汽抽排设施，排气口应设防蝇虫、防尘装置，进风口应加设过滤装置；车间内应有适度的照明，照明设施应有防护罩。

- **墙壁、门窗及天花板** 墙壁应光滑、坚固、不透水；墙壁和天花板应使用无毒、防水、防霉、不脱落、耐酸碱、耐腐蚀、易于清洗消毒的白色或浅色材料修建；墙角、地角、顶角呈弧形；门窗应使用浅色、平滑、易清洗、不透水、耐磨损、耐腐蚀的材料制成；封闭的窗户应装设纱窗；内窗台与墙面成45°夹角；屠宰分割车间应设与门同宽的鞋消毒池或鞋底消毒垫。

- **清洗、消毒设施** 车间、卫生间入口处及靠近工作台的地方，应设有洗手、消毒、干手设施和工具清洗、消毒设备，洗手的水龙头应采用非手动式开关；洗手设施的排水管应连接下水管道；干手设施应采用烘手器或一次性使用的消毒纸巾；清洁剂、消毒剂及其类似物的使用不能对工具、设备和鲜肉产生不良影响，使用后对工具和设备应用生产用水进行彻底冲洗，并做好原始记录。

- **供水设施** 应有饮水供应系统和非饮用水供应系统，管道应有明显标志加以区分；非饮用水可以用于消防、制冷设备的冷却以及屠宰车间羽毛废弃物的转移；储水设施应用无毒、不致污染水质的材料制成，并有防止污染的措施和定期检查记录；屠宰、分割和无害化处理应有热水供应系统。

- **更衣室、淋浴室及卫生间** 应在屠宰区、掏脏区、分割区和冷藏区分别设置更衣室,更衣柜应编号,每人一柜,个人衣物与工作服、鞋、帽分格存放。淋浴室及卫生间应与更衣室相连,淋浴室地面排水畅通,排气良好;卫生间采用水冲式,应有足够数量的洗手盆。

畜禽的屠宰工艺

1. 家畜屠宰工艺

(1) 工艺流程

家畜屠宰工艺如图 5—17 所示。

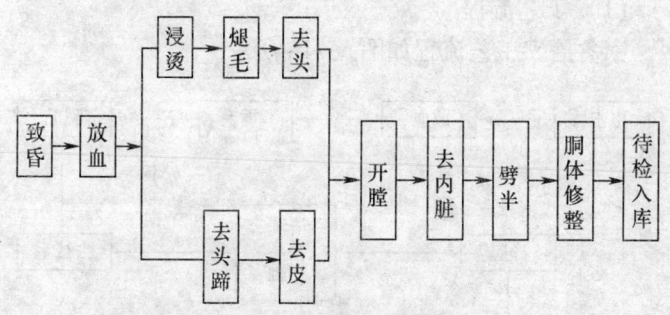

图 5—17 家畜屠宰工艺流程

(2) 工艺要点

- **致昏** 应用物理和化学方法,使家畜在宰杀前短时间内处于昏迷状态,谓之致晕,也叫击晕。击晕的主要目的是让动物失去知觉、减少痛苦,另一方面可避免动物在宰杀时挣扎而消耗过多的糖原,以保证肉质。

- **放血** 家畜致昏后应快速放血,最好不超过 30 秒,以免引起肌肉出血。放血有刺颈放血、切颈放血、心脏放血3种常用办法。

- **浸烫、煺毛或剥皮** 家畜放血开膛前,猪需要进行浸烫、煺毛,也可以剥皮。牛、羊需剥皮。
- **去头、开膛** 猪在第一颈椎或枕骨髁处将头去除。牛、羊在枕骨和寰椎之间将头去除。切开腹腔,将腹内脏和胸内脏取出。
- **劈半及胴体修整** 沿着背中线由上而下锯开胴体,冲洗胴体上附着的血迹及污物,称重送到冷却间冷却。
- **待检** 兽医检验后,盖章入库。

2.家禽屠宰工艺

(1) 工艺流程

家禽屠宰工艺流程如图5—18所示。

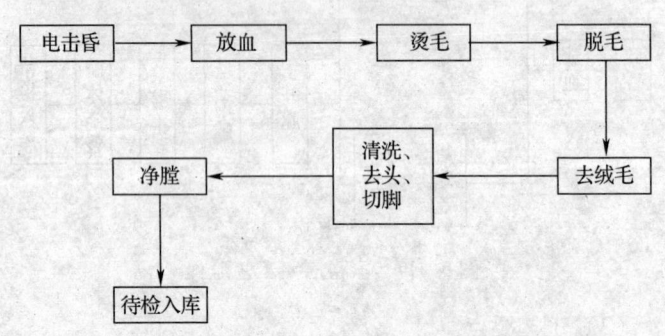

图5—18 家禽屠宰工艺流程

(2) 工艺要点

- **电击昏** 电压35~50伏,电流0.5安以下,时间(通过电击昏槽时间):鸡为8秒以下,鸭为10秒左右。
- **宰杀放血** 家禽宰杀时必须保证充分放血,放血方法主要有断颈放血法、口腔放血法、动脉放血法，后一种方法比较好。

- **烫毛** 烫毛是为了更有利于脱毛，主要有3种方式：半热烫、次热烫、强热烫。在实际操作过程中，应注意以下问题：要严格掌握水温和浸烫时间；热水应保持清洁；未死或放血不全的禽尸，不能进行烫毛，不然会降低产品的价值。

- **脱毛** 机械脱毛主要利用橡胶指束的拍打与摩擦作用脱除羽毛。因此要调整好橡胶指束与屠体之间的距离，并且掌握好处理时间。

- **去绒毛** 禽体浸烫、脱毛后，尚残留有绒毛，去除的方法有3种，钳毛、松香拔毛、火焰喷射机烧毛。

- **清洗、去头、切脚** 禽体脱毛去绒后，在去内脏之前需要充分清洗干净。是否去头、切脚要根据市场需求而定。

- **净膛** 禽类内脏的取出方式有：全净膛，将脏器全部取出；半净膛，仅拉出全部肠管以及胆和胰脏。

- **检验、修整** 净膛后，经检验、修整、包装后入库储藏。

话题7 猪 饲 养

仔猪的饲养管理

- **固定乳头，吃足初乳** 仔猪有固定乳头的习惯，开始几次吸哪个乳头，则一直到断乳都不改变。可是在初生仔猪刚开始吸乳时，通常会互相争夺乳头，弱小的仔猪抢不到乳头。为此,要在仔猪出生后 2~3 天内,采取人工辅助的方法,使仔猪形成固定吸吮某个乳头的习惯。

- **加强保温,防冻防压** 保温措施最好是单独为仔猪创造一个温暖的小气候环境,提高局部温度,减少热量散失。可设置仔猪保温箱,在保温箱内悬挂白炽灯或红外线灯。

> 一般可用100瓦的白炽灯或150~200瓦的红外线灯泡吊在仔猪的躺卧处,通过调节高度来控温。

防压也是很重要的,饲养过程中应注意采取一些防压措施。一般可在产圈的一角或一侧设置护仔栏,并训练仔猪养成吃乳后迅速回护仔栏或保温箱的习惯。

- **及早补铁,防止仔猪贫血** 补铁的方法有很多,其中比较有效的方法是给仔猪肌肉注射铁制剂,如右旋糖酐铁注射液、牲血素等,一般在仔猪 2 日龄注射 100~150 毫克。

- **剪掉犬齿和断尾** 仔猪出生后,剪掉犬齿是为了减少对母猪乳头的损伤和争斗时对同窝猪的伤害。去掉犬齿的方法是用消毒后的铁钳子,注意不要损伤仔猪的牙龈,剪去犬齿,断面要剪平整。

断尾是为了避免生长阶段的咬尾,可与剪犬牙同时进行。方法是用钳子剪去仔猪尾巴的 1/3(约 2.5 厘米),然后涂上碘酒,防止感染。注意防止流血不止和并发症。

- **选择性寄养** 有些母猪的产仔数较多,此时需要寄养或并窝。

> **专家提示** 猪的嗅觉特别灵敏,母仔相认主要靠嗅觉来辨别。为了使寄养顺利,可将被寄养的仔猪涂抹上养母的奶或尿,也可将被寄养仔猪和养母所生仔猪合关在同一个仔猪箱内,经过一段时间后分辨不出被寄养仔猪的气味。

- **预防腹泻** 注意保温,防止猪舍湿冷及空气污浊;提高母猪的泌乳量;严格施行全进全出制度,保持良好的环境卫生;免疫注射对于防止肠道病原菌感染也是有效的;帮助仔猪抵抗病原菌的同时要注意补水。
- **提早开食补料** 仔猪出生后3天开始训练饮水,生后5~7天开始训练采食干粉料或颗粒料。
- **仔猪补水** 在仔猪3~5日龄,给仔猪开食的同时,一定要注意补水,最好是在仔猪补料栏内安装仔猪专用的自动饮水器或设置适宜的水槽。

提高育肥猪生产力的技术措施

1. 选择优良品种及适宜的杂交组合

不同品种之间所产生的后代具有杂种优势,获得杂种是杂交的目的。

2. 提高仔猪的初生重和断奶重

仔猪的出生体重大,生活力强,其生长速度快,断奶体重也就大;仔猪断奶体重大,则转群时体重也就大,生长快速,育肥效果好。

3. 适宜的环境条件

- **适宜的温度和湿度** 研究表明,11~45公斤活重的猪适宜温度为21℃，45~100公斤活重的猪为18℃，135公斤以上的猪为16℃。湿度不当可能会造成疾病而间接影响增重，适宜的湿度为50%。

- **合理的通风换气** 根据天气情况和室内状况，适时通风换气，以保持合适的温度、湿度和空气清洁。
- **合理饲喂密度** 不同生长阶段的生长猪，每头猪应占有的适宜圈栏面积为：小于25公斤为0.25平方米，20~50公斤为0.5平方米，50~70公斤为0.85平方米。
- **保持良好的卫生环境** 每日至少清粪、清扫2次，每周带猪消毒2次。

4. 适时屠宰

根据各地区的研究成果，地方猪种中早熟、矮小的猪适宜屠宰活重为70~75公斤，其他地方猪种及其杂种猪适宜屠宰活重为75~85公斤。

话题8 牛羊饲养

 犊牛的饲养管理

- **初乳的饲喂** 一般犊牛出生后0.5~1.0小时就应喂给初乳。第一次初乳喂量以体重的5%为上限，一般为1~2公斤，以后可按体重的10%~12%喂给，一天分2~3次饲喂。
- **哺乳期和哺乳量** 目前多采用2个月左右断奶，哺乳量为250~350公斤。
- **早期补料** 及早训练犊牛采食植物性饲料是提高犊牛生长发育和消化能力的有效措施。犊牛出生后7天开始训练补饲精饲料和优质干草。21日龄后可饲喂切碎的块根饲料和优质的青绿饲料，2月龄可喂给青储饲料。

- **饮水** 初乳期在每次喂奶后1~2小时饮给温水。15~20日龄在喂奶和精料后饮水，1月龄后在运动场饮水槽自由饮水。
- **饲喂方式** 目前多采用户外单栏饲养，也就是犊牛从出生到断奶，单独饲养在一个可移动的犊牛栏内。
- **早期断奶** 早期断奶需要做好两点，一是犊牛料及代乳料的配制和营养的合理过渡，二是精细的管理。
- **断奶后犊牛（2~5个月）的饲养** 断奶后的年轻小母牛可分组圈养，开始时每组数量要小，并根据主要犊牛的营养要求分组。除考虑年龄外，还应尽量将相近大小的小母牛分在同一组。

奶山羊的饲养管理

1. 羔羊的饲养管理

- **羔羊的饲养方法** 初生羔羊哺喂初乳，生后6~60天哺喂常乳，哺乳方法分随母哺乳和人工哺乳两种。随母哺乳也称自然哺乳，即让羔羊跟随母羊自由哺食母乳直至断奶。

> 提示：人工哺乳可以有效提高奶山羊的泌乳性能，适宜在羊群规模较大的羊场或养羊大户应用。

- **草料的补饲** 羔羊初生后40~90天，是由吃奶向吃草料的过渡时期，应该减奶加料，给予青草和优质干草。进入3月龄后，应以饲草为主，适当补充含有蛋白质的混合精料及少量乳汁。

- **羔羊断奶** 羔羊出生后90～120天应适时断奶。

> 断奶后母羊应坚持人工挤奶,避免乳汁蓄积,发生乳腺炎。

2.奶山羊的日常饲养管理

- **定额** 每位饲养员可管理公羊35～45只;成年羊50～60只;断奶羊和青年羊70～100只;成年奶山羊25～30只。
- **饲草饲料** 定时、定量。青干草坚持勤添少喂,饲槽内部不能有污水、霉变草料残留。
- **饮水** 水槽要保持全天有清洁卫生的饮用水。
- **运动** 冬天7:30～8:30、夏季6:00～7:00驱赶运动,怀孕期每天增加半小时运动。
- **圈舍环境卫生** 每天打扫2次,粪便及时清理倒在指定的地点,保持舍内空气新鲜无臭味,保证饲槽内无鼠出没,保持圈内干燥卫生。
- **消毒** 每2～3周对全场饲槽、水槽消毒1次。
- **驱虫** 每年3月、9月中旬为春秋季防疫驱虫时间。

 肉牛的饲养管理

1.犊牛的饲养管理

养好犊牛要注意以下几个环节:

(1) 及早喂足初乳

初乳也就是母牛产后7天内所分泌的乳汁。犊牛出生后应尽快让其吃到初乳,肉牛一般自然哺乳。若人工挤奶,应及早挤奶喂给犊牛。犊牛至少应吃足3天的初乳。

(2) 饲喂常乳

随母哺乳、保姆牛法和人工哺乳法是主要的犊牛饲喂方法。

- **随母哺乳法** 让犊牛和其生母在一起，从哺喂初乳至断奶一直自然哺乳，为了给犊牛早期补饲，可在母牛栏旁设一犊牛补料栏。
- **保姆牛法** 选择健康的同期分娩母牛做保姆牛，再按每头犊牛日食4~4.5公斤乳量的标准选择数头年龄相近的犊牛固定哺乳。
- **人工哺乳法** 新生犊牛结束5~7天的初乳期后，可人工哺喂常乳。5周龄每日喂3次，6周龄以后喂2次。

(3) 犊牛的补饲技术

犊牛出生后1周，即可食用适口性良好的混合饲料，或者将配置好的开食料煮成粥，让其自由舔食。两周后，即可在食槽内放些优质干草和青储饲料。

2. 育成牛的饲养管理

(1) 育成牛的饲养

从断乳到周岁前，育成牛的日粮应以青粗饲料为主，适当哺喂精料。在喂豆科或禾本科优质牧草的情况下，对于周岁以上育成公牛混合精料中粗蛋白的含量以12%为宜。

(2) 育成牛的管理

- 育成母牛一般在18月龄左右，体重达到成年体重的70%开始配种。
- 育成公、母牛合群饲养的时间以4~6个月为限，以后应分群饲养，因为公、母牛生长发育和营养需要是不同的。
- 育成公牛应在8~10月龄左右穿鼻戴环。
- 舍饲牛的运动很重要，每天要有2~3小时的运动量。

 肉羊的饲养管理

- **保温防寒** 初生羔羊体温调节能力差,对环境温度变化比较敏感,为此要对冬羔及早春羔做好初生羔羊的防寒保暖工作。
- **吃好初乳** 尽量保证羔羊在出生 30 分钟内吃到初乳。
- **安排好羔羊吃奶时间** 最好保证羔羊 1 天吃 3 次奶。
- **搞好环境卫生工作,减少疾病发生** 搞好圈内的卫生管理,减少羔羊接触病原菌的机会;每天观察羊只的采食、饮水、排便等是否正常,发现病情及时诊治。

话题 9　鸡　饲　养

 健康雏鸡的选择

选择雏鸡时,除注重品种外,还必须选择来自非疫区、健康无病的种鸡群。

- 健康雏鸡出壳整齐,大小均匀,羽毛良好,清洁而有光泽;
- 脐部愈合良好,无感染、无肿胀,没有血痕;
- 肛门周围羽毛不粘连,无糊状;
- 眼睛圆而明亮,站立姿势正常,行动敏捷、活泼,握在手中挣扎有力,叫声洪亮;
- 雏鸡喙、腿、趾、翅无残缺。

鸡的育雏方式

- **地面育雏**　鸡饲养在鸡舍的地面上，地面铺有垫料。此法适宜在气候干燥、通风良好的地方采用。
- **网上育雏**　鸡饲养在鸡舍内离开地面的平网上，网可用金属、塑料或竹木制成。此法适宜在气候潮湿、通风条件差的情况下采用。
- **笼养育雏**　鸡饲养在鸡舍内离开地面的重叠笼或阶梯笼内，笼子可用金属、塑料或竹木制成。此法适宜在气候潮湿地区采用。

农村养鸡应该注意的误区

- **不可盲目引种**　应根据饲养条件和市场情况引种，切勿贪图便宜，不重视雏鸡质量。
- **不可盲目用药**　一旦鸡发病，自己不要盲目用药耽误病情，应该及时请兽医诊断治疗。
- **不可滥用添加剂**　饲料添加剂不是提高生产性能的万能药，应根据饲料营养成分的含量来添加，切勿滥用，否则会加大成本，毁坏饲料的营养平衡。
- **不可突然更换饲料**　应根据鸡的生长需要渐渐地更换饲料，不然雏鸡难以及时适应，从而影响生长和产蛋率。
- **不可长期用药**　在饲养过程中不间断饲喂各种药物，会造成鸡体损害、病菌产生抗药性、产品有药残，影响人的安全食用。
- **病鸡和健康鸡不能混养**　饲养过程中，要及时将病鸡剔除隔离。

话题10 水禽饲养

鸭的饲养管理

1. 初生雏鸭的选择

应选择同一时间出壳、大小均匀，脐带收缩好，眼大有神，比较活跃，绒毛有光泽，抓在手上挣扎有劲的雏鸭。凡是腹大突脐、行动迟钝、瞎眼、跛脚、畸形、体重过轻的雏鸭，一般成活率较低，长得也不快。如选作种鸭用，还须符合品种的特征。

2. 雏鸭的管理

- **保温要求** 一般采用给温育雏法。不管采取什么方法给温，一般要求第一周保温伞下温度30～32℃，室温24～25℃；以后每周分别下降1～2℃。至第5周起室温保持在18～20℃。

> 提示：蛋用型鸭可以低1～2℃。

- **料槽和饮水器准备** 刚出壳的雏鸭喂料时，可用大小为60厘米×35厘米，缘高2.0～2.5厘米的料盘，每个料盘可饲养50只雏鸭。2周龄的雏鸭可改用长料槽或圆盘饲喂，槽深约4～5厘米，每500羽雏鸭约需6米长的料槽。刚出壳的雏鸭最好用自动饮水器；也可用白铁皮，陶钵，广口瓶等制作，使用时在瓶口放一瓦片，让水流出。3周后可转用饮水槽，每500羽雏鸭需4米长的水槽，水的深度应保持在能浸到鸭的鼻孔为宜。

> **专家提示** 雏鸭不懂饥饱,饲喂雏鸭时要经常观察幼雏的消化情况,随时间调节喂食量。如发现嗉囊(食道膨大部)里还积存较多饲料,就要减少当餐喂量,必要时只给水,不给食。

- **育雏舍消毒** 雏鸭入舍前,育雏舍必须彻底地清洗和消毒。消毒方法可用有机酸消毒液进行消毒,如农乐等,也可选用1%~3%的苛性碱溶液、2%~5%的漂白粉溶液或3%~5%的煤酚皂热溶液进行消毒,具体参见说明书运用。消毒后将育雏室密封并空置2~3周后接雏。

鹅的饲养管理

1. 雏鹅的饲养与管理

- **雏鹅的饲养** 雏鹅的开食以出壳24~30小时为宜,开食前先饮水,饮水中间加入0.22%高锰酸钾,连用3天。开食用籼米饭,不可用成一团的烂饭,饭粒要用清水淋过。再搭配一份切成丝状的青菜叶,放在浅瓷盆内,让小鹅自由采食,随吃随加;或者先喂料(米饭),再喂青料;或者把米饭放一处,青菜放另一处,让小鹅自由挑选,一旦形成习惯,就不要天天改变。1周龄以内的雏鹅,白天喂6~7次,晚上加喂2~3次,这是养好小鹅的重要措施,尤应注意。

- **雏鹅的保温** 温度是育好雏鹅的关键环节,育雏温度第一周为28~30℃,以后每周降1℃,冬季和夜晚可适当提高温度。

- **雏鹅的湿度** 在育雏室要注意通风换气，喂水时切勿外溢，常打扫卫生，扫保持舍内干燥，适宜的湿度以10日龄以内要求60%~65%，10日龄以上65%~70%。
- **通气与阳光** 舍内氨气的浓度保持在百万分之十以下，二氧化碳保持在0.2%以下为宜，一般控制在人进入鹅舍时不觉得闷气，没有刺眼、鼻的臭味为宜。阳光能提高鹅的生活力，增进食欲，还能促进某些内分泌的形成，有助于钙、磷的正常代谢，维持骨骼的正常发育。如果天气比较好，雏鹅从5~10天可逐渐增加舍外活动时间，以便直接接触阳光，增强体质。
- **适宜的饲养密度** 适宜的密度是，小型鹅1周龄每平方米15~20羽，2周龄10~15羽，3周龄6~10羽，4周龄以上5~6羽。
- **雏鹅的分群** 鹅有合群的特性，适于群养，但群不宜太大，小鹅以每群50羽为宜。
- **雏鹅的放牧游水** 小鹅要适时放牧游水，有利于增强适应性，提高抗病力，放牧游水的时间随气候季节而定。
- **雏鹅的卫生与防疫** 育雏阶段要把好"五关"：一是保温关，二是防湿（潮）关，三是开食关，四是放牧关，五是防疫关，才能取得好的成效。

2. **肉用仔鹅的管理**

- **放牧时间** 放牧初期控制时间，每天上、下午各放一次，每次活动时间不要太长。以后随日龄增大，逐渐延长放牧时间，直至整个上、下午都放牧。
- **适时放水** 放牧要与放水相结合，当放牧了一段时间，鹅吃到八九成饱后，就应及时放水，把鹅群赶到清洁的池塘中补充饮水和洗澡，每次约半小时，然后赶鹅上岸、抖水、理毛、休息。放水的池塘或河流的水质必须干净，无工业污染。塘边，河边要有空旷地。

- **鹅群调教** 放牧前应进行调教，先将各个小群的鹅并在一起吃食，让它们互相认识，互相亲近，几天后再继续扩大群体。当鹅在遇到意外情况时也不会惊叫走散，开始在周围环境不复杂的地方放牧，让鹅群慢慢熟悉放牧路线，然后进行速度的训练，按照空腹快、饱腹慢、草少快、草多慢的原则进行调教。
- **放牧鹅群的大小** 一般200羽左右一群，如放牧场地开阔，可扩大到500羽，但不同年龄的鹅要分群管理。
- **放牧方法** 有领牧与赶牧两种，小群用赶牧方法，两人放牧可采取一领一赶的方法。

第六讲

渔业产品生产

话题1 生产区域的位置与选择

生态养殖的概念

生态养殖，就是根据养殖品种的习性，模拟其自然生长环境，通过人工构建符合无公害水产品生长的生态环境条件，科学选择合适的养殖品种，再配合科学的喂养和维护手段，进行养殖的过程。

生态养殖技术的重要环节

构建符合无公害水产品生长环境条件的生态水域环境，投放适合的主养品种，合理搭配混养品种，科学投喂，以及日常管理维护。典型生态养殖模式有：稻田养蟹，网箱养鳝，庭院养鳝，蚌、鸭、鱼混合立体养殖。

> 组成：外缘环境-生态养殖塘选址-生态环境构建

案例 安徽省巢湖市无为县地处长江中下游,这里依托良好的长江水源,水域丰富,水质好,非常适合生态养殖。无为县构建的20万亩生态养殖区,就是建在绵延几十里的通江河流附近。为了确保生态养殖塘中的水质与自然的淡水环境相近,整个生态养殖区域每年还要与外缘水源进行3~5次大范围换水,这样就能够为养殖的蟹、鱼、虾提供清新的水质和丰富的养分。

生态养殖塘构建

以蟹、鱼、虾混养为例,建设生态养殖塘的面积一般不小于5亩,池身不低于1米。这样能够使螃蟹、鱼、虾都能够有充分的活动空间。养殖塘的塘埂要有一定的坡度,坡高与坡底宽的比例在1:3到1:2之间。养殖塘底的四周挖沟,中间部位高出5~10厘米。这样做便于不同生长期的螃蟹的栖息,利于水草的生长,而且可以方便日后的收获捕捞。

> 每亩塘均匀泼撒生石灰100~200公斤

建好池塘后,要暴晒20~30天,然后还要撒上生石灰粉进行消毒,杀死杂物和泥土中的病菌,来改善生态塘的底质。为了防止养殖过程中螃蟹逃脱,要用塑料薄膜围在塘周围,建立防逃脱用的屏障。建好生态养殖塘,接下来就可以进行生态设置。生态设置就是模拟主养水产品的自然生长环境,进行人工模拟设置的过程。

案例　以螃蟹为主体的蟹、鱼、虾混养生态养殖的生态设置

对于以蟹为主，蟹、鱼、虾混养的生态塘，可以通过移螺、种草的方式来进行养殖环境设置。移螺就是在生态塘中放置活螺蛳。螺蛳是螃蟹喜食的饵料，同时可以吸食塘底的泥沙和杂质，净化水质。移螺时选用本地沟渠中的野生螺蛳就可以。大约在每年的1—2月份，塘构建好后，放少量水，大约10厘米，进行移螺。将选好的活螺蛳均匀地撒在水塘中就可以。每亩水面大约要放置250公斤的活螺蛳。塘中种草，既提供水生动物喜食的饵料，又是它们栖息、隐蔽的地方，而且水草还能净化水质。通常在池塘中种植的水草有苦草、金鱼藻、轮叶黑藻和水花生。种草的时间大约在每年3—4月份，池塘中要保持10厘米左右的浅水位。种植不同种类的水草，种植的方法也不同。比如苦草要用撒种子的方法；而轮叶黑藻要通过撒芽孢的方式进行种植。金鱼藻、水花生就可以直接放在水中，自然着根。养殖期间水草分布大约需要达到池塘面积的60%～70%。从而形成水下"森林"，便于蟹、鱼、虾的生长。构建好生态环境就可以放苗养殖了。

无公害鱼类养殖场建设要求

1. 选择适宜场址

场址选择应根据养鱼对水源、水质、土质、地势、交通等各方面的要求，在建厂前要认真勘探、测量，必要时要通过钻探摸清地质结构和地下水的分布及流向，详细了解当地情况，对勘测点进行比较，确定建厂地址。

- **水源要充足**　养殖场选址首先要考虑水源条件能否满足养殖生产的需要。只有水质适用，水量充足，才可用

作养殖场的水源。

> 注意：要详细了解一年中各季节水量的变化和附近农田灌溉用水，必须保证养殖场在不同季节、不同生产阶段都有足够的水量，同时又不影响农田灌溉。

- **水质要良好** 工业"三废"污染水，往往含有害物质，或某种元素含量过高，这些水对鱼生长不利，轻则发育不良，重则引起鱼类死亡。水质好坏对养鱼的影响极大，并直接危及食鱼者的身体健康。

- **土质有要求** 一是保水性好，透气性适中；二是堤坝结实，能抗洪；三是无对养殖对象有毒的物质。

> **小资料**　　土壤中化学成分对池塘水质和鱼类生活也有一定影响
>
> 最常见的对养殖动物有害的土壤主要是重金属或矿物质过高。土中含铁过高时，释入水中成胶体的氢氧化铁或氧化铁的赤褐色沉淀，对鱼类呼吸不利。
>
> 其次是含腐殖质多的土壤，保水性差，易渗水，堤坝也易塌，且有机质过多，故不易用于建池与养殖。

- **地形适宜** 地形适宜，平坦开阔，施工简单，排灌方便，能节省工料。低洼地易受涝灾，但挖池筑基后地面（基面）提高，可提高防涝抗洪能力。高地一般用水不便。高低悬殊、坡度陡峭的地方工程量大，故选址要慎重。

- **交通、通讯、用电便利** 交通、通讯、供电是一个现代化养殖场不可少的条件。场址最好选在城镇附近或交通干线附近。同时修建公路,并与国家公路网连接,便于运输。位于河流或湖泊附近的养殖场,还要充分利用水路运输,以扩大运输线路,降低运输成本。现代化养殖场对电力供应要求越来越高,从过去的照明、抽水发展到使用增氧机、饲料加工机械等。

2. 分布与布局

- **鱼池布局** 鱼池是养殖场的基础,一个完整的养殖场应具备亲鱼池、鱼苗培育池、鱼种池、成鱼池。此外还有产卵、孵化池。孵化用的蓄水池、亲水池最好靠近水源,其他鱼池依次周围列开,即:蓄水池—产卵、孵化池—亲鱼池—鱼苗培育池—鱼种池—成鱼池。

- **渠道布局** 渠道担负鱼池进出水功能,有的还有运输功能。通常相邻两排鱼池共用一条进水或排水渠道,进、出渠道相间,各与鱼池短边平行,以节省土地和土方量。尽可能减少渠道弯曲,并在周围植树,以保护围渠,美化环境。

- **道路布局** 道路是产品和物资运输通道,主干道和支道互相连通。

- **抽水动力设备布局** 一般设在近水源,并与产卵、孵化池靠近,以便综合利用动力。规模较大的养殖场,应安排多处泵站,以便及时、足量地对鱼池供水。

贝类土池人工育苗

1. 土池场地的选择

土池场地选择是土池育苗工作中最重要的一环,关系到土池育苗的成败。因此必须做到以下几个方面,见表6—1。

表 6—1　　　　　　　土池场地的选择

位置	选择在高潮区或高、中潮区交界的地方，无洪水威胁，风浪不大，潮流畅通。有淡水注入的内湾活海区，地势平坦的滩涂为最好
底质	滩涂底质多样，有泥沙、沙滩、泥沙滩和砾石滩等，应根据不同种类的贝类，选择不同的底质
水质	无污染，必须符合渔业用水的水质标准
其他	生活、交通较方便，水电供应保障

2. 河蟹育苗场的厂址选择

- **海、淡水水源优质充足**　水资源丰富，水质良好，附近无工、农业废弃物污染，特别是水中重金属离子浓度不得超标，并且水质的其他各项指标符合渔业水质标准。如果利用配置海水人工育苗，一般可选择水源充足的湖泊、水库、江河作为水源。利用天然海水进行人工培育苗还必须有足够水质达标的淡水用于蟹苗淡化。

- **交通方便，地域位置良好**　水陆交通便捷，车船能直接到达的地区。

- **电力充足稳定**　育苗场电力应充足，断电可能造成育苗的全军覆灭，育苗场应自备小型发电机组供应急之用。

海水工厂化养鱼工厂的厂址选择

适宜的厂址是临近海岸带，以浅礁岸、沙滩岸为佳，沙泥滩岸也可。最好选择在临海的丘陵缓坡地，沿岸能够打出深井海水之处；厂区近海水深、无污染、近海无污染物排放入海，海水水质符合《渔业水质标准》（GB 11607—1989）；深井海水水质良好，水温、盐度稳定；确定厂址平均标高与海平面的高差一般应大于 8.0 米，小于 40 米，10~25 米是最佳高差；厂区内的地平可利用高差表示，当然高差在 10~20 米时，可向车间采用直流方式供水，以便于较大幅度地节约能源；厂区交通方便，可与主干道相隔；有一定面积的海区条件以便海上交通和取水；常备电力供应充足；有充足的淡水水源。

话题 2 常见水产品养殖种类

 水产养殖主要种类

1. 鱼类

● **主要淡水种类**　我国养殖的淡水鱼类主要有青鱼、草鱼、鲢鱼、鳙鱼、鲤鱼、鲫鱼、鲂鱼、鳊鱼、鲮鱼、鲶鱼、鳗鲡等，见表 6—2。

表 6—2　　　　　我国主要的淡水养殖鱼类

鱼种	特性
草鱼	典型的草食性鱼类。是生长迅速的较大型鱼类。属敞水性产卵类型
青鱼	肉食性鱼类。生长迅速，属敞水性产卵类型
鲢鳙	典型的滤食性鱼类，属敞水性产卵类型
鲤鲫	典型的杂食性鱼类。其中鲤鱼偏于动物食性，鲫鱼偏于植食性。摄食方式都是吞食。典型的草上性产卵鱼类，产黏性卵
鳊鲂	团头鲂和鳊鱼均为草食性鱼类。属敞水性产卵类型
鲮鱼	摄食方式是吞食兼滤食。在人工饲养条件下表现为杂食性。是中型鱼类，生长比青鱼、草鱼、鲢鳙慢

续表

鱼种	特性
鲶鱼	是江河、湖泊中常见的野生经济鱼类,为底栖肉食鱼类,主要摄食小鱼、虾和水生昆虫
鳗鲡	为凶猛肉食性鱼类,主要摄食小鱼、虾、蟹及其他水生动物。产浮性卵,为江河洄游性鱼类。属于温水型鱼类

● **主要海水鱼类** 有真鲷、牙鲆、大菱鲆、石鲽、半滑舌鳎、大黄鱼等,见表6—3。

表6—3　　　　　　我国主要海水鱼类

鱼种	特性
真鲷	系我国名贵海产鱼类,又称赤鲷、真金鲷。属暖温性底层鱼类,属动物食性,食谱广
牙鲆	是我国重要的海洋经济鱼类之一,属暖温性、底栖鱼类,常群居生活
大菱鲆	生长迅速、适应低水温生活,为底栖海水比目鱼,主要摄食硬骨鱼类和头足类
石鲽	生长较快,可以进行高密度养殖,属冷水温性鱼类,能耐低温,属降温、短光照产卵型
半滑舌鳎	具有广温习性,以底栖虾蟹类为食,多半时间栖息在河口附近的浅海区,行动缓慢,对环境有较强的适应能力
大黄鱼	属底层鱼类,对温度的变化较敏感,寿命较长,自然种群的生殖周期长,属肉食性鱼类,成鱼主要捕食小型鱼类、虾及蟹类

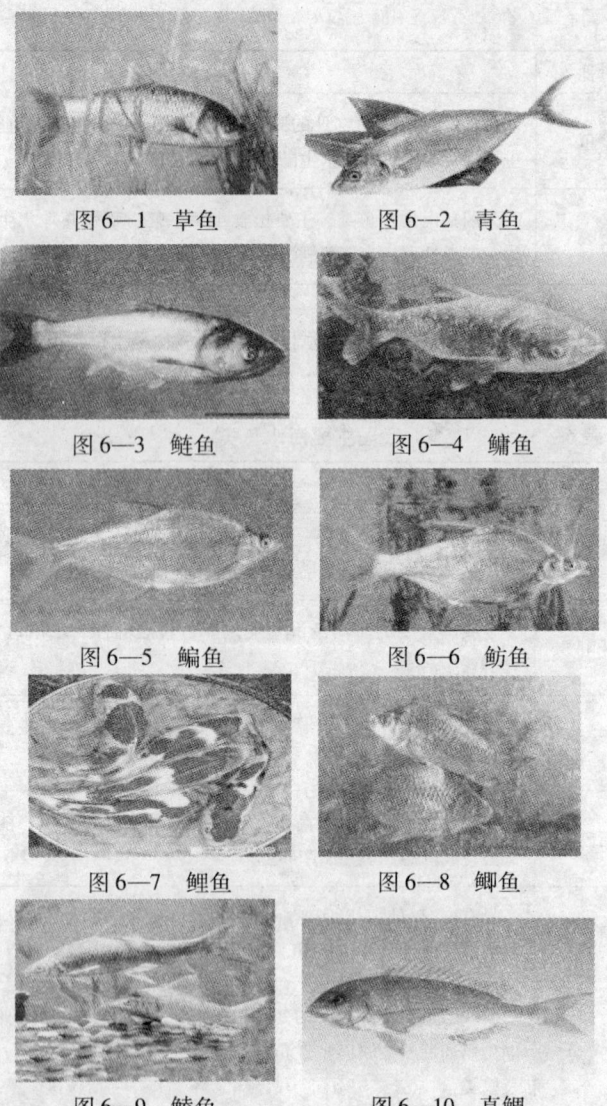

图6—1 草鱼　　图6—2 青鱼

图6—3 鲢鱼　　图6—4 鳙鱼

图6—5 鳊鱼　　图6—6 鲂鱼

图6—7 鲤鱼　　图6—8 鲫鱼

图6—9 鲮鱼　　图6—10 真鲷

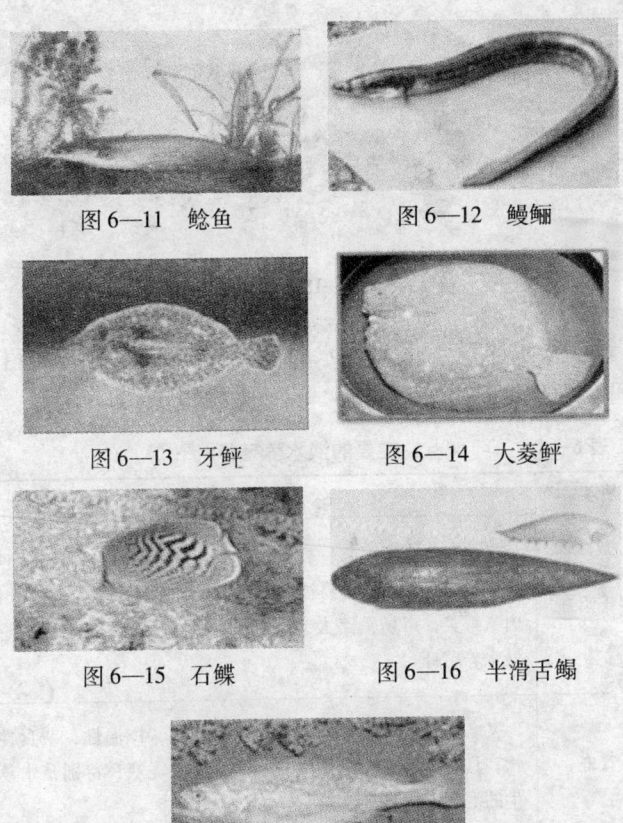

图 6—11 鲶鱼　　　图 6—12 鳗鲡

图 6—13 牙鲆　　　图 6—14 大菱鲆

图 6—15 石鲽　　　图 6—16 半滑舌鳎

图 6—17 大黄鱼

2. 虾类

- **海水养殖**　中国以养殖中国对虾为主,占 70% 以上,体形较大,壳较薄,是洄游性大型虾类,主要分布在黄海和渤海。在 10—11 月上旬进行交配,产卵为中黄卵,属于杂食性。

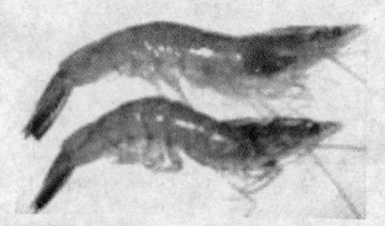

图6—18 对虾

- **淡水养殖** 目前淡水养殖的主要品种有罗氏沼虾、青虾、海南沼虾、克氏螯虾,见表6—4。

表6—4　　　　　　　主要的淡水养殖虾

种类	特性
罗氏沼虾	又名马来西亚大虾,具有养殖周期短,投资少,设备简单、难度不大等优点,容易被养殖户接受,而且个体大、生长快、肉味鲜美,市场销路大,产量高,效益明显,是一种理想的淡水养殖虾
青虾	又名河虾,学名日本沼虾,体形粗短,广温性、杂食性动物,具有负趋光性,喜清新水质,喜在泥底,特别是水草丛生的泥底上栖息
海南沼虾	幼体期在河口咸淡水区域营浮游生活。喜集群,有明显的趋光性,但又回避强光和直射光。完成变态后,溯河进入淡水水域营底栖生活,喜栖息于浅水区域。可单养,也可与有些鱼类混养
克氏螯虾	俗称"龙虾",适应性广,繁殖能力强,种群发展很快,可以同鲢、鳙鱼混养,取得良好的经济效益

图6—19 罗氏沼虾
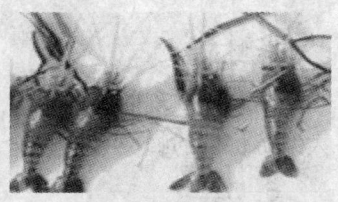
图6—20 青虾

图6—21 海南沼虾

图6—22 克氏螯虾

3. 蟹类

目前我国养殖的主要是河蟹，又名中华绒螯蟹，又称毛蟹、螃蟹，是我国特产。主要分布在我国东部各海域沿岸及通海的河流、湖泊中。喜欢在水质清新、水草丰盛的淡水湖泊江河中栖息。为杂食性甲壳类，不仅贪食，而且有抢食和格斗的天性。人工养殖时，饵料必须多点投放，均匀投放，对刚蜕壳的"软壳蟹"要加以保护，防止同类自相残杀。感觉灵敏，对外界环境反应迅速，喜欢弱光，畏惧强光，温度的适应范围较大。

图6—23 中华绒螯蟹

4. 蛙类

在我国发现的两栖类约120个种，可供人工养殖并有较大经济价值的蛙类有黑斑蛙、虎纹蛙、棘胸蛙和林蛙。

5. 贝类

我国主要的养殖贝类为海水养殖，有近江牡蛎、马氏珠母贝、珍珠贝、泥蚶、文蛤、青蛤。

6. 鳖类

鳖科有6属23种，主要分布在亚洲、非洲和美洲部分地区。我国仅有种属3种，主要养殖的为中华鳖和山瑞鳖。

话题3　饲料和营养

 *水产动物营养需要*

水产养殖用饲料是影响水产养殖成败的三大要素之一。因此，水产品的安全生产离不开饲料的正确合理的使用。了解水产动物营养需要是使用饲料的基础和前提。水产动物和其他动物一样需要蛋白质、脂肪、糖类、矿物质（无机盐）和维生素五大类营养物质。如果缺乏其中的一种或多种必须的营养物质，将导致水产动物生长减慢、病害发生，如长期缺乏，将引起死亡。

• **蛋白质**　水产动物对饲料蛋白质的需要量较高，一般为禽畜需要量的2~4倍。从表6—5可以看出肉食性的水产动物要求饲料蛋白质含量高，一般在40%以上，杂食性要求较低，一般为30%~40%，草食性水产动物最低，为

30%以下。同时蛋白质需要量与年龄关系很大，幼鱼、仔鱼、鱼苗生长旺盛，对蛋白质要求高，成鱼生长减慢对蛋白质要求就低一些。

表6—5 主要养殖水产动物饲料蛋白质最适含量参考表（%）

种类＼阶段	鱼苗（或养殖前期）饲料	鱼种（或养殖中期）饲料	成鱼、亲鱼（或养成期）饲料
鲤鱼	43~47	38~42	28~32
鲫鱼	40	35	30
草鱼	32	25~27	21~25
青鱼	41	33~38	28~33
团头鲂	34	30	25~30
鲮鱼	40	36~38	32
罗非鱼	40	35	30
鳗鱼	50~56	45~50	45~47
甲鱼	50	46~48	45
中国对虾	42~46	37~40	34~36

● **脂肪** 在饲料中添加脂肪达到适宜量时可节约蛋白质，提高饲料的利用率。水产动物饲料中脂肪含量并非越高越好，过量脂肪会引起水产动物体内脂肪积累，使品质下降，影响食用价值，严重的会引起水肿和脂肪肝。一般鱼饲料中应含有4%~10%的脂肪。

● **糖类（碳水化合物）** 糖类的主要生理功能是提供鱼体生命活动的能量。鱼类对饲料中碳水化合物、粗纤维适宜需要量见表6—6。虾、蟹饲料中糖类的适宜含量为20%~30%。

表6—6 水产动物对碳水化合物、粗纤维适宜需要量（%）

鱼的种类	碳水化合物最佳需要量	粗纤维最佳需要量
草鱼	45~50	12
团头鲂	25~30	12左右
鲤鱼	40	鱼苗<3，鱼种<8，成鱼<10
罗非鱼	24~68	<14.4
异育银鲫	36	鱼种12
青鱼	30	<8

- **矿物质（无机盐）** 水产动物能够通过鳃和口腔上皮等器官，从水中吸收少量的无机盐元素，如钙、钠、氯等，但它们对水中的某些矿物质并不能有效利用，如磷，必须由食物供给。但常规饲料中的矿物质元素难以满足水产动物快速生长的需要，因此，必须在饲料中添加矿物质。值得注意的是，钙与磷的比例，即钙磷比（Ca/P）要合适。水产动物能有效吸收水中的钙，因此，对饲料中钙的需要量较少，而几乎所有水产动物对磷元素都需要，且对磷元素的需要量不能通过水中得到满足，必须由饲料供给予以满足。

> 鱼类对磷的需要量一般在0.4%~0.9%，饲料中钙磷比率一般认为1:1或1:1.5为宜，否则将影响生长。

- **维生素** 根据目前的研究，认为至少有15种维生素为水产动物所必需。我国目前对养殖水产动物维生素缺乏症的研究还比较少。草鱼缺乏维生素C，其症状是眼窝充血，鳃盖、胸、腹、鳍基部布满出血点，生长下降。当草鱼饲料中维生素E含量较低时，则表现出生长减慢，食欲下降，死亡率增加，鱼体粗脂肪、粗蛋白含量下降。但是，某些维生素含量过多（主要是脂溶性维生素）同样对鱼的生长和健康不利。

> 提示：草鱼维生素E摄入过多（300～500毫克/千克饲料），会导致鱼体脂肪沉积过多，生长速度下降。

 水产饲料种类及特性

目前我国水产养殖用饲料主要可分为天然饵料、单一人工饲料（配合饲料原料）、配合饲料三大类。

1. 天然饵料

包括浮游植物、浮游动物、底栖生物、底生植物、腐屑和细菌等。

- 浮游植物是虾类和白鲢的主要食物，鲫、鳙、罗非鱼等也吃浮游植物。
- 浮游动物是鱼、虾、蟹天然饵料的重要组成部分，是鳙鱼的主要饵料。
- 底栖动物中有许多可供人类食用，如虾、蟹、螺等，有许多是杂食性底层鱼类的优质饵料。

2. 单一人工饲料（饲料原料）

单一饲料原料难以满足水产动物的营养需要，需通过多种原料配合才能生产出营养全面的水产动物饲料。

3. 配合饲料

配合饲料是指根据动物营养需要，将多种饲料原料按饲料配方经工业生产的饲料。配合饲料有可调成糊状的粉

末饲料、微粒状饲料、颗粒饲料。

 小资料　　无公害水产饲料

无公害水产饲料广义而言包括三层意思：
- ◆ 对水产养殖品种无毒害作用；
- ◆ 在水产品中无残留，对人类健康无危害；
- ◆ 养殖品种排泄物对水环境无污染。

狭义而言，凡是对水产养殖品种无毒害作用的饲料就是无公害水产饲料。

专家提醒　水产养殖生产过程中，合理地选用优质饲料，采用科学的投饲技术，可保证水产动物正常生长，降低生产成本。投饲技术包括投饲量、投饲次数、场所、时间以及投饲方法等内容。我国传统养鱼生产中提倡的"四定"（即定质、定量、定时、定位）和"三看"（看天气、看水质、看鱼情）的投饲原则，是对投饲技术的高度概括。

话题4　水产健康养殖环境

水产健康养殖的主要内容包括：改良水产养殖环境、养殖消毒和调节水生动物生理机能几个方面，其中也包括饲料的防腐抗氧化、水产动物麻醉以及中毒解毒等内容。

改良水产养殖环境

1. 导致水产养殖环境恶化的原因

导致养殖环境恶化的主要因素有生物因素和理化因素。生物因素主要为藻类、节肢动物及其幼体等水生生物,有益微生物等过量或不足引起的生态平衡和微生态平衡失调,如水华、富营养化、瘦水等;理化因素主要为物理或化学因子异常引起的水质恶化,如浮头、感冒、气泡病等。养殖用水的几种处理方法见表6—7。

表6—7　　　　　养殖用水的处理方法

处理类型		说明
物理处理	沉淀	可设沉淀池,用来沉降颗粒较大、自由沉降速度较快的颗粒
	曝气	在集约化水产养殖,特别是苗种生产中,往往持续开启气泵充氧,使水中有毒气体氧化或逸出,打破水体分层,起到改善水质的作用,普遍使用的是叶轮式增氧机,在养虾、养鳗池中通常使用水车式增氧机
	吸附	使用多孔固相物质(如活性炭、硅胶、沸石等)作为吸附剂
	过滤	常用的过滤器有压力过滤器、纤维球过滤器、珊瑚砂过滤器以及麦饭石、沸石与珊瑚等混合滤料过滤器。膜过滤技术作为一种新型、高效的净化技术在养殖用水处理中得到了应用
	泡沫分离	向水中通气,水中的表面活性物质被微小的气泡吸附,浮于水面形成泡沫,通过收集并清除泡沫达到水质净化的目的
	紫外线照射	利用紫外线(波长200~400纳米)对养殖用水进行消毒,杀灭水中致病微生物

续表

处理类型		说明
化学处理	絮凝剂	常用的有明矾、硫酸铝、硫酸亚铁、硫酸钙,聚丙烯酰胺、聚乙烯吡啶季胺盐
	络合	EDTA钠盐去除水中的重金属离子,对于一些对重金属敏感的鱼、虾、贝等,其苗种培育用水必须经EDTA–Na2预处理后方可使用
	消毒	漂白粉、漂白精、臭氧、高锰酸钾、过氧化氢杀灭对人体和水产物有害的微生物
	中和	改善水体过高或过低的pH值,常用生石灰等调节水体的pH值
生物处理	光合细菌	除去水体中的小分子有机物,降低水中氨、氮、硫化氢等的含量,增加水中溶氧量,抑制致病菌的生长繁殖,大的菌团可被鱼、贝类摄食
	复合微生物制剂	如酵母菌、芽孢杆菌、放线菌等制成多菌株复合产品,应用较多的是兼有耗氧与厌氧代谢机制的多菌株复合微生物制剂,如"EM菌"制剂、"养殖宝"等
	生物膜	生物膜中主要是好气菌、原生动物及其他有益细菌等,能够吸收和吸附水中悬浮和溶解的污物,然后由膜上的微生物等分解所吸附的污物,从而净化污水

2. 改良水产养殖环境的方法

• **化学方法** 主要采用生石灰、含氯石灰(漂白粉)、硫酸铜、化学灭藻剂等药物改变水体化学物质的结构或杀灭部分藻类及其他有害微生物。

案例 每年冬天最好清除池塘过厚淤泥，在放鱼种前10～15天进行药物清塘。常用药物及用量一般为：生石灰每亩75公斤，漂白粉每亩4～5公斤，1米水深时生石灰用量为每亩200公斤，漂白粉每亩12.5公斤（注：不能用铝盆或铁桶加水溶解、稀释）。

- **生物方法** 主要通过光合细菌、芽孢杆菌、反硝化细菌、噬菌蛭弧菌等微生态制剂。

养殖消毒

- **养殖消毒的重要性** 养殖消毒是控制和消灭病原体、预防和控制水产动物疾病发生的最直接手段。无论是养殖水体、养殖工具、饲料还是养殖动物本身，在养殖过程中均不可避免地带有一定数量的病原体，一旦遇到适宜的环境就可能大量繁殖，引发疾病。因此，在养殖过程的每个环节，要定期进行科学的消毒，以切断传染源，预防水产动物疾病的发生。

- **养殖消毒的分类及常用的养殖消毒用药** 养殖消毒一般可分为机体消毒、环境消毒、投入品消毒和器具消毒。其中放养前的清塘、养殖动物机体消毒以及水源消毒，往往又是养殖者容易忽视的重要环节。在各个环节中做好消毒工作，是预防水产动物疾病暴发的有效措施。

水产动物生理机能调节

- **水产动物生理机能调节的重要性** 水产动物的代谢和生长决定了水产动物个体的抗病能力。通过调节水产动物生理机能用药的投喂,对提高水产动物疾病的免疫力具有积极的作用。

● **常用的调节水产动物生理机能的用药** 调节动物繁殖机能用药,如促黄体生成释放激素、绒毛促性腺激素;调节水产动物生长用药,如中草药、海藻生态制剂、饲用矿物等诱食剂和促生长剂;调节水产动物机体免疫机能用药,如疫苗、免疫增强剂等;调节水产动物营养用药,如维生素、氨基酸、矿物质等。

话题5 水产疾病防治

水产动物生活在水中,发病早期不易觉察,正确诊断和治疗也较困难,对已发病的水产动物(特别是苗种)无法采用口灌式、注射等方法治疗。治疗水产动物疾病以鱼池为单位,即使是特效药,对于已丧失食欲的水产动物,也无法进入体内。大面积的水库、湖泊和河道,用药成本高,也难于使用。因此,防病工作在养渔业中就显得特别重要。

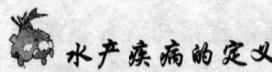
水产疾病的定义

疾病是指机体(水产动物)在一定的条件下,由致病因素所引起的一种复杂而有规律的病理过程。此时机体正常平衡遭到破坏,表现为对外界环境变化的适应能力降低,以及一系列的临床症状。疾病的发生则是由于各种致病因素的作用和机体反应特性这两方面在一定条件下相互作用的结果。

水产动物发病原因

水产动物的疾病主要是由于寄生物侵入水产动物而引起的。当水产动物受到病原入侵后，如果水产动物的抵抗力可以抑制寄生物的生长，则水产动物不发病；反之，就会发生疾病。因此，水产动物疾病的发生、发展与消亡，不是孤立的现象。它是水产动物、病原体和周围环境三者相互关系的错综复杂的表现。另外，水产动物疾病的发生与否与人的生产活动有相当密切的关系。所以水产动物疾病的发生决定于三个主要因素：一是机体（水产动物）的状况；二是周围环境（包括病原体）；三是人为因素。

 常见水产疾病

水产常见疾病有烂鳃病、鱼类赤皮病、鱼类肠炎、鱼类细菌性败血病、鱼类车轮虫病、鱼类打印病、虾类黑斑病、虾类红点病、甲壳类溃疡病。

 水产动物疾病预防措施

水产动物疾病预防应是从饲养管理角度出发，首要的应是考虑怎样增强水产动物机体的抗病力；其次是消灭发病因素，这两项工作要贯彻到整个养殖过程。

- **科学管理增强水产动物抗病力** 当病原生物作用于不同的水产动物，有的发病早，也有的发病晚，有的则不发病，其中因素固然很多，但是水产动物本身抗病力的强弱起到极其重要的作用。因此，加强饲养管理，培育优良、健壮的水产动物以增强抗病力，是预防水产动物疾病极为重要的措施。

- **控制和消灭病原** 预防水产动物疾病的发生也必须从控制和消灭病原（因）着手，大致有下列几点：彻底清塘消毒；坚持"四消"措施，内容包括：水产动物机体消毒、饵料消毒、工具消毒、食场消毒；流行季节前的药物预防、消灭陆生终寄主及带有病原的陆生动物。

渔药及其使用

1. 渔药

渔药是涉及与水产养殖动物以及观赏鱼类有关的一类兽药，又称水产养殖用药或水产药。水产养殖用药是在水产养殖中，直接或间接作用于水产动、植物，用以预防、诊断和治疗水产动、植物疾病、改善其生存环境或有目的地调节其生理机能、增强机体抗病能力的物质。

2. 渔药和其他兽药的区别

渔药不同于家畜家禽用药，大部分药物不是直接投喂或作用于动物，这就要求药物制剂在水中具有一定的稳定性，口服药物还应具有一定的适口性和诱食性，外用药物具有一定的分散性和可溶性，从而它具备更高的技术标准及更加符合自然物质的属性。另外水产养殖用药在使用时可能面临更复杂的情况，如某些水产动物特定的生活习性和某些限制因素，因此在给药时还需要选择适当的时间和方式。鉴于渔药使用时大多数是以水为作用媒介，因此其药物的药理作用受到水质、水温等水环境因素的影响。

3. 渔药的分类

渔药包括处方药和非处方药。主要分为环境改良剂、消毒剂、抗微生物药物、杀虫驱虫药、代谢改善和强壮药、中草药、生物制品、抗氧化、麻醉、防霉、增效剂。

- 处方药是指为了保证用药安全，由国家行政部门规定或审定，需凭渔医师或其他有处方权的水产养殖专业人员开写处方，在渔医师或其他有处方权的水产养殖专业人员监督或指导下方可调配、购买和使用药品。
- 非处方药是指国家行政部门批准，不需要凭医师开具处方即可自行判断、购买和按药品说明书使用的药品。

4. 滥用和误用渔药的危害

滥用渔药会导致病虫害抗药性大大增强，防治效果大幅下降，防治成本成倍增加；大量有益生物被杀灭，大量散失的农药挥发到空气中、流入水体中，生态环境遭受严重污染；对水产养殖动物的肝、肾功能造成很大的破坏，引起水产养殖动物的死亡；残留渔药可通过食物链的富集作用转移到人体，对人体产生危害。

 案例　　水产渔药用药不慎，小病造成大损失

老罗的长吻𩾃鱼苗下苗初期长了斜管虫，老罗采取了见效最快的方法——全池泼洒福尔马林。斜管虫得到了较好的控制，但鱼的鳃部却因此严重损伤。不久，又再一次暴发了更为严重的斜管虫病，用福尔马林治疗后，鱼的鳃部就一直处于损伤状态。在3个月后就发生了细菌性烂鳃病，因此开了消毒剂、治水霉菌的中药和抗应激类药物全池泼洒，但是鱼的病情没有得到抑制。死了1万多条共9 000多斤长吻𩾃，损失超过6万元。

5. 渔药给药途径

渔药给药途径分为体内给药和体外给药，它们分别作用于水产动物的局部和全体。常见的体内给药途径有口服法和注射法，体外给药有药浴法、悬挂法和涂抹法。

6. 渔药的使用原则

（1）有效

为了使鱼病在短时间内尽快好转，以减少经济上的损失，要在正确诊断的前提下选择疗效最好的药物。例如治疗鱼类的一般性细菌性疾病（如烂鳃病、赤皮病等），可使用水体消毒剂进行全池泼洒，可用漂白粉、溴氯海因、二溴海因、碘制剂和二氧化氯等。治疗鱼类的细菌性肠炎病，则采用投喂药饵的方法。治疗由嗜水气单胞菌引起的疾病，应采取先杀虫后杀菌的治疗方法。在鱼病治疗中应坚持高效、速效和长效的观点。使经过药物治疗以后，有效率达到70%以上。

（2）安全

从安全方面考虑，各种药物都有一定的毒性，因此在选择药物时，既要看到它有治疗疾病的一面，又要看到它引起不良作用的一面，因此渔药的安全问题应考虑到以下三个方面：

- **药物对养殖对象本身的毒性损害** 如多次使用硫酸铜后，鱼体经病理生理学检查，发现肾小管扩张，其周围组织坏死，造血组织毁坏，肝脂肪增多，鳃、肌肉组织、肝脏内有铜的残留等，使机体呈现不健康状态或抵抗力下降，成为易感群体。
- **对水域环境的污染** 除个别情况外，绝大多数渔药是对水体中养殖的群体用药，而药物的种类繁多，成分复杂，这样就不可避免地要给水体带来污染，如含汞消毒剂，能造成水体的二次污染。

● **对人体健康的影响** 由于经常喂药，特别是抗生素，使细菌产生或增强了抗药性。这样的细菌留在鱼体内，在人们食用时，如果烧得不够熟，吃的人就可能被传染上疾病。此外，这些细菌还可能把它们的抗药性传给人。

（3）方便

渔药除少数情况下使用注射法和涂擦法外，都是间接的而且是对群体用药。投喂药物饵料或将药物投放到养殖水体，操作方便、容易掌握是我们选择某些渔药的要求之一。

（4）价廉易得

在鱼病预防和治疗的药物选择中，应在保证疗效和安全的原则下，选择廉价易得的品种。

7. 渔药使用的注意事项

● **正确诊断，对症用药** 应根据发病的具体情况，首先对其中比较严重的一种病使用药物，待该种病好转或痊愈后，再针对其他的疾病用药。

● **了解药物性能，掌握使用方法** 在使用一种药物防治一种疾病时，可能药物是对症的，使用方法也正确，但如果不注意药物本身的理化性质，就可能会出现异常或失效。在混养的情况下，使用药物时不仅要注意对患病种类的安全性，同时也要考虑选择的药物对未患病种类是否安全。

鱼类与蟹混养，当鱼类患锚头鳋病时，便不能使用敌百虫等有机磷农药全池遍泼，应选用其他药物，或将鱼捕起用浸浴法，如用敌百虫全池遍泼就会造成河蟹中毒而死。

- **了解养殖环境，合理施放药量** 施药必须在了解养殖环境的基础上，正确地测量池塘面积和水深，计算出全池遍洒的药量；或比较正确地估计池中放养种类的数量和体重，计算出投喂药物饵料的量，这样才能既安全又有效地发挥出药物的作用。

- **注意不同养殖种类、年龄和生长阶段的差异性** 在使用药物防治疾病时，必须考虑是否适用和使用多大的剂量。不同养殖种类或品种，对药物的耐受性是不同的，即使是同一养殖种类或品种，在其不同年龄和生长阶段也是有差异的。

> 淡水白鲳对有机磷等农药最为敏感。鳜鱼对敌百虫较为敏感，敌百虫百万分之零点二以上就会对鳜鱼造成不同程度的死亡。河蟹对晶体敌百虫、硫酸铜较为敏感，一定要慎用。

- **注意药物相互作用，避免配伍不当** 各种药物单独使用可起到各自的药理效应，但当两种以上的药物合并使用，由于药物的相互作用，可能出现药效加强或毒、副作用减轻，也可能出现药效减弱或毒、副作用增强的作用。药物配伍使用应注意两方面：一是避免药物疗效降低，甚至相互抵消或增加其毒性。如在刚使用环境保护剂沸石的鱼池不应在短期内（1~2天）使用其他药物，因为沸石的吸附性易使药效降低。二是避免药物配伍后理化性能改变，主要应注意酸碱药物的配伍问题。

> 如：池塘刚使用完生石灰，不宜马上使用漂白粉等氯制剂

- **严格遵守休药期** 休药期是指最后停止给药日至水

产品作为食品上市出售的最短时间休药期的规定，防止了因药物残留量超标而给人们身体健康带来的危害。对于食用鱼，必须规定使用药品的休药期，以确保上市水产品体内药品的残留量必须符合《无公害食品 水产品中渔药残留限量》（NY 5070—2002）要求。

 专家提醒

◆ 施放生石灰的池塘不宜马上使用敌百虫，因为两者在水中作用后，可以提高毒性。

◆ 刚使用环境保护剂沸石的鱼池不应在短期内（1~2天）使用其他药物，因为沸石的吸附性易使药效降低。

◆ 酸性药物不可和碱性药物混合使用。

8.渔药的鉴别方法

对一般渔户来说，渔药鉴别方法，主要是采取外表观察的方法，看一种药物的外部形态和色泽等是否与需要的种类一致，包装是否牢固、严密，数量是否准确、无误，标签上所标注的品名、批准文号、适应症、用法与用量、含量或效价、注意事项、规格、储藏、药品批号（有效期）等是否明确齐全。另外，用户在购买渔药时，还应注意索要发票等凭证，一旦发生质量问题时注意保存渔药样品，以便出现质量纠纷时利于问题的解决。

可以留意农业部官方网站（www.agri.gov.cn）发布的不合格产品抽检通报

话题6 捕捞、运输、保鲜与宰杀

 水产品捕捞

- **江河及湖泊的捕鱼技术** 江河及其流域的湖泊往往是淡水渔业生产的重点区域,渔具渔法以刺网、地曳网、定制网及箔筌渔具等为主,其他诸如拖网、围网、钓鱼具应用也较广泛。

- **池塘及小水面的捕鱼技术** 目前常用的有拉网捕鱼和电捕鱼法。

 水产品运输技术

1. 海鲜水产品的活体运输

活体运输中的关键因素有氧气、温度、二氧化碳以及防止细菌的繁殖。

- **氧气** 一般运输时,水中溶解氧气应保持在5毫克/升以上。

- **温度** 各种水产品都有自己的适温范围,超出适温范围就容易死亡。水温的变化,一般以温差不超过5℃为宜。

- **二氧化碳** 鱼在水中呼吸会排出二氧化碳。经测定证明,二氧化碳对鱼的危害浓度为60~100毫克/升,此时即使水中溶解氧处于饱和状态,鱼类仍不能正常呼吸,会窒息死亡。

- **防止细菌的繁殖** 运输过程中,会有大量的分泌黏液和排泄物,这些会成为细菌的培养基,使病菌大量迅速生长繁殖。一方面病菌会使水产品染上病害；另一方面，病菌的大量生长繁殖要耗氧，从而降低水中氧的溶解含量，易使水产品因缺氧而死亡。

2. 水产品的冷藏运输

- **冷藏运输种类** 主要涉及铁路冷藏车、冷藏汽车、冷藏船、冷藏集装箱、冷藏飞机等低温运输工具。
- **冷藏运输要求** 每种食品都有一定的储藏温、湿度条件的要求，表6—8列出了几种易腐食品的储藏条件。在冷藏运输中应满足食品储藏条件的要求，并保持其稳定性。

> 为了维持所运食品的原有品质，保持车内温度稳定，冷藏运输过程中可从如下几个方面考虑：①食品预冷和适宜的储藏温度；②要有冷源；③良好的隔热性能；④温度检测和控制设备；⑤车厢的卫生与安全。

表6—8　　　　几种易腐食品的储藏条件

品名	储藏温度/℃	相对湿度/%
冷却鱼	0	95~100
冻结鱼	-18	95~98
冻结虾	-18	95~98
冻结贝类	-18	95~98

水产品保鲜

1. 水产品的冷却保鲜

（1）冰冷却法

冰冷却法又称冰藏法和冰解法，是鲜水产品保藏运输中常用的方法。可分为撒冰法和水冰法两种。

● **撒冰法** 先在容器的底部撒上碎冰，称为垫冰；在容器壁上垒起冰，称为堆冰；在鱼层上均匀地撒一层冰，称为添冰；然后再一层鱼一层冰，在最上部撒一层较厚的碎冰，称为盖冰。

● **水冰法** 先用冰把淡水或海水的温度降下来（淡水0℃，海水-1℃），然后把鱼类浸泡在水冰中的冷却方法，其优点是冷却速度快，能集中处理大批量的鱼货。

（2）冷却海水冷却法

冷却海水保鲜是将渔获物浸渍在温度为0到-1℃的冷海水中的一种保鲜方法。冷却海水冷却法最大的优点是冷却速度快，可在短时间内处理大量鱼货，操作简单，保鲜效果好，又可用吸鱼泵装卸鱼货，减轻了劳动强度。

2. 水产品的微冻保鲜

微冻保鲜的基本原理是低温能抑制微生物的生长繁殖，抑制酶的活性，减缓脂肪氧化，解冻时鱼体液汁流失少、鱼体表面色泽好。

● **冰盐混合微冻** 冰盐混合物是一种有效的起寒剂。冰盐混合在一起，在短时间内能吸收大量的热，从而使冰盐混合物温度迅速下降，它比单纯冰的温度要低得多。

● **低温盐水微冻** 渔获物经冲洗后装入低温盐水舱内的网袋中进行微冻。

● **吹风冷却微冻** 将鱼放入吹风式速冻装置中，吹风冷却。

安全优质水产品加工

● **水产品干制** 采用干燥或者脱水的方法除去鱼类等

水产品中的水分，以达到防止腐败变质的加工保藏方法，称水产品干制加工。这种干制加工产品的优点是保藏期长、重量轻、体积小，便于储藏运输。缺点是干燥会导致蛋白质变性和脂肪氧化酸败，严重影响产品的风味、口感。

- **水产品腌制加工**　腌制过程包括盐渍和成熟两个阶段。正是由于食盐能使鱼、贝类等肉的水分含量减少、盐分增多，因而赋予了腌制鱼品的保藏性。鱼体内的水分减少并非总是均匀的，故会伴之以鱼体的皱缩。
- **鱼糜制品**　冷冻鱼糜又称生鱼糜，是将鱼肉经采肉、漂洗、精滤、脱水等工序加工后，再在肉中加入糖类和食品级的磷酸盐等提高鱼肉耐冻性的添加物，混合均匀后冻结，在低温条件下能够较长时间保藏的一种生产鱼糜制品的新型原料。其中有不加食盐制成的无盐鱼糜和加2.5%食盐斩拌后制成的加盐鱼糜。

第七讲
农产品安全生产服务与管理

话题1　农产品安全生产组织机构与职能

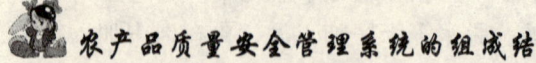

农产品质量安全服务系统包括农产品质量安全管理系统和农产品质量安全开发系统。

```
                          ┌─各级政府
                组织管理系统┤各级农业、环境主管部门
                          └─非政府组织

                          ┌─农产品质量安全中心
                认证管理系统┤绿色食品发展中心
                          └─国际有机运动联盟
农产品
质量    ┤管理┤
安全                       ┌─各级农业和环保部门
管理                      │各级质量监督部门
系统            质量监控系统┤各级卫生、工商部门
                          └─各级食品、药品监督部门

                物资供应系统┌─各级供销部门
                          └─农业服务部门
```

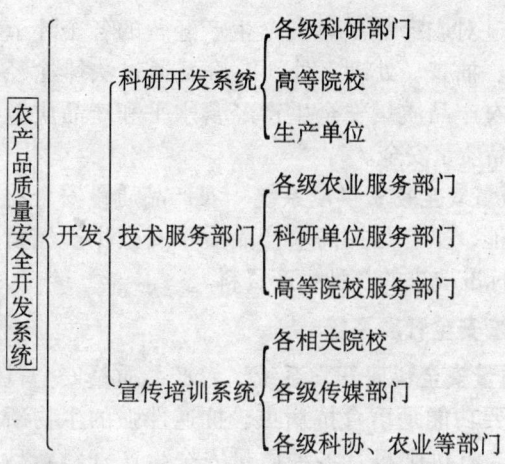

农产品质量安全管理系统职能

1. 农产品质量安全管理系统

- **农产品质量安全管理系统** 农产品质量安全管理系统的主要功能是组织、宣传、推动、发展农产品质量安全生产，协调、处理和解决农产品质量安全工作中出现的各种问题。

> 农产品质量安全管理系统由从中央到地方各级政府及其农业主管部门、环境主管部门等组成。

- **农产品质量安全认证管理系统** 农产品质量安全认证管理系统的主要功能是对相关单位进行产地认定和产品认证，确定是否有生产质量安全的农产品、食品的条件，生产的产品是否符合农产品质量安全标准，并发放相关质量安全农产品证书和标签。

- **农产品质量安全监控系统** 农产品质量安全监控系

统主要功能是通过对农产品质量安全生产经营的各个环节进行监督、检查、抽查、处理、处罚,直至通过法律途径进行惩罚,提高农产品质量安全生产经营水平和产品质量水平,实现农产品质量安全。

• **农产品质量安全物资供应系统**　农产品质量安全物资供应系统的功能,主要是提高农产品质量安全生产经营中所需要的符合标准要求的各种生产资料。

2. 农产品质量安全开发系统

• **农产品质量安全科研开发系统**　农产品质量安全科研开发系统的主要功能是培育抗病虫、抗逆性强的生物新品种,生物农药、有机肥料及各种质量安全生产资料新品种;质量安全新品种及其加工产品;质量安全配套生产技术、操作规程;综合防治新技术等。

• **农产品质量安全技术服务系统**　农产品质量安全技术服务系统主要是为农产品质量安全生产、加工和销售提供配套技术服务,提高综合效益,促进农产品质量安全工作顺利进行。

• **农产品质量安全宣传培训系统**　农产品质量安全宣传培训系统功能主要是宣传、提供农产品质量安全各方面信息,宣传质量安全农产品,对质量安全农产品生产、技术人员进行技术培训。

话题2　农产品安全生产与农业标准化

农业标准化的含义

农业标准化是指以农业为对象的标准化活动。具体来说，是指为了有关各方面的利益，对农业经济、技术、科学、管理活动中需要统一、协调的各类对象，制定并实施标准，使之实现必要而合理的统一的活动。

农业标准化的主要对象

- 农产品、种子的品种、规格、质量、等级、安全、卫生要求；
- 试验、检验、包装、储存、运输、使用方法；
- 生产技术、管理技术、术语、符号、代号等。

农业标准体系概念

农业标准体系主要是指围绕农、林、牧、副、渔各业制定的，以国家标准为基础，行业标准、地方标准和企业标准相配套的产前、产中、产后全过程系列标准的总和，还包括为农业服务的化工、水利、机械、环保和农村能源等方面的标准。

农业标准化主要内容

农业标准化的内容十分广泛，主要有以下七项：

- **农业基础标准** 是指在一定范围内作为其他标准的基础并普遍使用的标准。
- **种子、种苗标准** 主要包括农、林、果、蔬等种子、种苗、种畜、种禽、鱼苗等品种种性和种子质量分级标准、生产技术操作规程、包装、运输、储存、标志及检验方法等。
- **产品标准** 是指为保证产品的适用性，对产品必须达到的某些或全部要求制定的标准。主要包括农、林、牧、渔等产品品种、规格、质量分级、试验方法、包装、运输、储存、农机具标准、农资标准以及农业用分析测试仪器标准等。

- **方法标准** 是指以试验、检查、分析、抽样、统计、计算、测定、作业等各种方法为对象而制定的标准。
- **环境保护标准** 是指为保护环境和有利于生态平衡、对大气、水质、土壤、噪声等环境质量、污染源检测方法以及其他有关事项制定的标准。

> 例如水质、水土保持、农药安全使用、绿化等方面的标准。

- **卫生标准** 是指为了保护人体和其他动物身体健康，对食品、饲料及其他方面的卫生要求而制定的农产品卫生标准。主要包括农产品中的农药残留及其他重金属等有害物质残留允许量的标准。
- **农业工程和工程构件标准** 是指围绕农业基本建设中各类工程的勘察、规划、设计、施工、安装、验收，以及农业工程构件等方面需要协调统一的事项所制定的标准。

> 如塑料大棚、种子库、沼气池、牧场、畜禽圈舍、鱼塘、人工气候室等。

- **管理标准** 是指对农业标准领域中需要协调统一的管理事项所制定的标准。

话题3　农产品质量安全认证

农产品质量安全认证简介

农产品质量安全认证是由经国家权威机构认可的认证机构对企业或组织生产的农产品的安全性进行的产品认证，一般是非强制性的，企业或组织可以根据自身的需要申请不同种类的农产品质量安全认证。

农产品认证体系

1. 认证机构的授权和认可

- **认证机构的授权**　根据《中华人民共和国认证认可条例》（2003年8月20日公布，2003年11月1日起施行）：应当经国务院认证认可监督管理部门批准，并依法取得法人资格后，方可从事批准范围内的认证活动。未经批准，任何单位和个人不得从事认证活动。

> 农产品的认证体系主要有三类：绿色食品认证、有机食品认证和无公害农产品认证，简称"三品"认证。农业部在积极推进"三品"认证的基础上，于2008年启动了农产品地理标志登记工作。

- **认证机构认可**　认可是指由认可机构对认证机构、检查机构、实验室以及从事评审、审核等认证活动人员的能力和职业资格，予以承认的合格评定活动。

> 提示：认证机构的审批工作由中国国家认证认可监督委员会负责实施。

2. 无公害农产品认证

根据《无公害农产品管理办法》（农业部、国家质检总局第12号令），无公害农产品认证分为产地认证和产品认证，产地认证由省级农业行政主管部门组织实施，产品认证由农业部农产品质量安全中心实施，获得无公害农产品产地认定证书的产品方可申请产品认证。无公害农产品定位是保障基本安全、满足大众消费。无公害农产品认证是政府行为，认证不收费。

图7—1 无公害产品标识

凡生产无公害产品目录内的产品，并获得无公害农产品产地认定证书的单位和个人，均可申请产品认证。

> **小知识** 无公害农产品认证的一般程序：申请产品认证的单位和个人，可以通过省、自治区、直辖市和计划单列市人民政府农业行政主管部门或者直接向农业部农产品质量安全中心申请产品认证并提交材料，经过文审、现场检查（必要时）、产品抽样检验、全面评审合格者颁发证书。证书的有效期是3年。

3. 绿色食品认证

绿色食品认证由中国绿色食品发展中心开展。中国绿色食品发展中心成立于1992年，是负责全国绿色食品开发和管理工作的专门机构，隶属农业部，与农业部绿色食品管理办公室合署办公。内设综合处、标志管理处、认证处、科技与标准机构，定点委托了38个绿色食品产品质量检测机构，71个绿色食品产地环境监测机构。

图7—2 绿色食品标识

> **小知识** 绿色食品认证的程序：企业提交申请和相关资料，经过文审（必要时省绿色食品办公室到现场指导）、现场检查，同时安排环境质量现状调查和产品抽样，检查结果、环境检测和产品检测报告汇总后，合格者颁发证书。证书有效期3年。

4. 有机产品认证

根据国家质检总局2004年颁布的《有机产品认证管理办法》规定：有机产品认证机构应当依法设立，具有《中华人民共和国认证认可条例》规定的基本条件和从事有机产品认证的技术能力，并

图7—3 有机食品标识

取得国家认监委确定的认可机构的认可后，方可从事有机产品认证活动。目前，我国有23家认证机构获得有机认证资质并通过认可。

国家认证认可监督管理委员会颁布的《有机产品认证实施规则》（2005）、中国合格评定国家认可委员会颁布了《实施有机产品认证的认证机构认可方案》（2009）均有对有机产品的认证活动的相关规定。

> **小知识** 有机产品认证程序：企业申请、认证机构经评审后受理、文件评审、现场检查、企业整改，必要时结合环境检测和产品检测，作出认证决定、对符合标准要求者颁发有机/有机转换证书。有机证书的有效期是1年。

话题4 农产品质量可追溯体系

追溯体系定义

所谓追溯体系就是一套完整的可溯源保障机制，即在生产、运输、加工、储存、包装、销售等任何环节出现问题时，依照追溯体系的相关记录进行追溯找到问题产生来源的过程。

可追溯体系能够保障消费者及合法生产者、经营者的利益。

> 我国已经推行了猪、牛、羊耳标管理，在蔬菜、猪肉等"菜篮子"产品上建立承诺制度。

追溯体系作用

- 完善的追溯系统可以帮助生产者在产品出现问题时将损失降低到最低程度。
- 追溯系统的建立，及可追溯性，也是有机生产中一个非常重要的内容。
- 检查追溯体系的目的主要是判断追溯体系的可追溯性。

 追溯体系建立流程

追踪体系的建立如下图所示：

记录流程　　　　　　　　　　　　生产流程

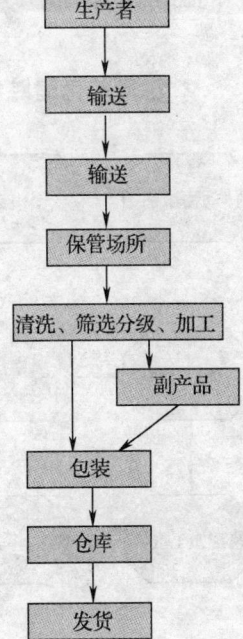

订货单/协议书/收据
生产者的有机认证的复印件和交易合同(TC)的原件

生产者的批量号码

重量票/计量票

收货人记录（加上加工者的批量号码）

原料在册记录

制造记录

包装记录

最终产品在库记录
发货记录
卖货金额发票/账单/TC/认定书

质量追溯体系实施方法

1. 种植追踪体系实施

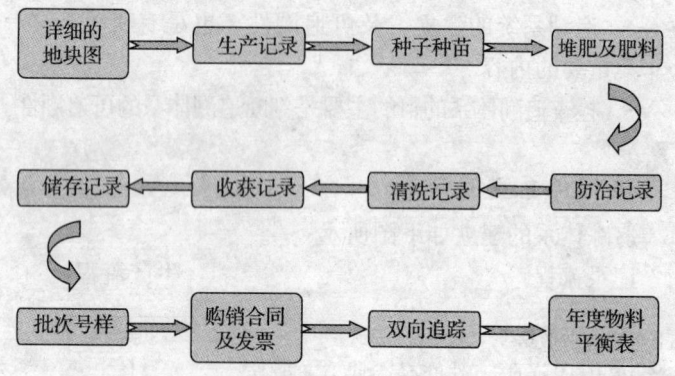

2. 畜禽养殖追踪体系实施

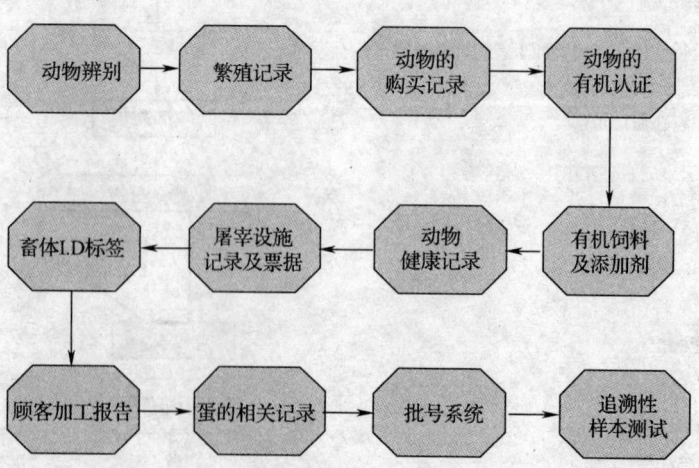

3. 水产养殖追踪体系实施

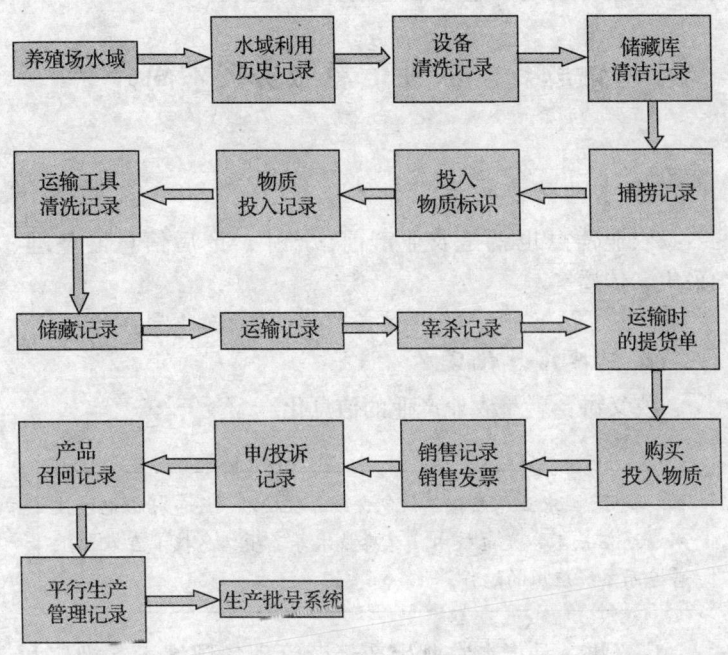

4. 加工质量追溯体系实施

加工追溯体系：

- 描述从原料到成品销售出厂各阶段的记录体系。

> 通常的记录表单有：供应商评价记录、原材料认证及检测记录、采购订单或合同、原材料运输的验收记录等。

- 描述原料和产品的批号系统。

- 描述从终端产品向前追溯核查的结果，评价记录系统和批号系统的可追溯性和有效性。

话题5　农业信息服务技术简介

农业信息内容

农业信息也就是农业产前、产中、产后信息的整理、采集、传播等。

农业信息化定义

狭义讲：就是农业产业的信息化。

> 提示：　农业信息化不仅包含计算机技术，还包括微电子技术、通信技术、光电技术、遥感技术等多项信息技术在农业上普遍而系统应用的过程。

广义讲：是指在农业生产经营管理各领域不断推广和应用计算机、通信、网络等信息技术和其他相关智能技术的动态发展过程。包括：

- 农业生产过程的信息化，包括农业基础设施装备信息化和农业技术操作全面自动化。
- 农产品流通过程的信息化。
- 农业管理过程的信息化。
- 农村社会服务的信息化。

农业信息服务概念

农业信息服务是指为农业决策、管理、生产、加工、经营、消费提供信息的活动。

 ## 农业服务方法

农业信息采集　农业信息加工　农业信息发布

农业信息服务

 ## 国家农业信息服务网站简介

1. 农业科教信息网

● **网站简介**　农业科教信息网（http://www.stee.agri.gov.cn）是由农业部科技教育司、农业部科技发展中心承办，以宣传农业科技教育人才、资源政策、农业实用技术、农业科研教学机构和农 为重点的政府网站。

● **网站特点**　一是 式的网上信息收集发布；二是具有网上办公功

2. 中国农业科技信息网

- **网站简介** "中国农业科技信息网"（http://www.cast.net.cn）由中国农业科学院农业信息研究所主办，含科技要闻，科学技术，科技资源库，成果与专利等。

3. 中国农产品供求信息网

- **网站介绍** 中国农产品供求信息网（http://www.agrisd.gov.cn）是由农业部市场与经济信息司主办，由中华人民共和国农业部情报研究所、中国农业科学院农业信息研究所承办。中国农产品供求信息网包括供求热线、市场分析、行业政策、网上展厅、服务窗、会员中心等。

- **网站特点** 中国农产品供求信息网为面向社会、面向农村基层的公益性政府网站，网站发布供给信息、求购信息、合作代理、租赁服务、技术转让等；及时对价格行情进行分析预测；传递行业新闻、政策法规和行业标准等行业信息，方便广大公众了解。网站在网上开设产品展示的网上展厅，公布产品的全部信息。中国农产品供求信息网免费为用户提供信息服务。

4. 农业网址

- **网站介绍** 中国农业网址（http://www.n123.org）是由中国互联网农村信息服务工作委员会和农博网共同研发的农业网址涉农网址的大型数据于2009年6月正式上线。是一个

- **网站特点** 本业、农业网站等所有对于农民、农业从业者、农业企找到自己需要的网站，兴趣的人群。方便网民快速时也提供了搜索引擎入口，复杂的网址的麻烦；同种资料及网站。

农业信息服务概念

农业信息服务是指为农业决策、管理、生产、加工、经营、消费提供信息的活动。

农业服务方法

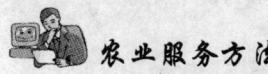

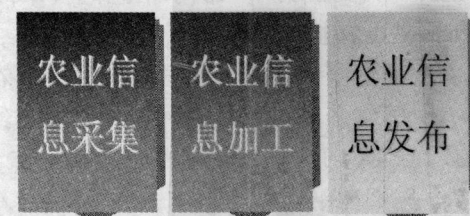

国家农业信息服务网站简介

1. 农业科教信息网

- **网站简介** 农业科教信息网（http://www.stee.agri.gov.cn）是由农业部科技教育司主办，农业部科技发展中心承办，以宣传农业科技教育环保能源政策、农业实用技术、农业科研教学机构和农业科教人才为重点的政府网站。

- **网站特点** 一是提供一站式的网上信息收集发布；二是具有网上办公功能。

2. 中国农业科技信息网

- **网站简介** "中国农业科技信息网"（http://www.cast.net.cn）由中国农业科学院农业信息研究所主办，含科技要闻，科学技术，科技资源库，成果与专利等。

3. 中国农产品供求信息网

- **网站介绍** 中国农产品供求信息网（http://www.agrisd.gov.cn）是由农业部市场与经济信息司主办，由中华人民共和国农业部情报研究所、中国农业科学院农业信息研究所承办。中国农产品供求信息网包括供求热线、市场分析、行业政策、网上展厅、服务窗、会员中心等。

- **网站特点** 中国农产品供求信息网为面向社会、面向农村基层的公益性政府网站，网站发布供给信息、求购信息、合作代理、租赁服务、技术转让等；及时对价格行情进行分析预测；传递行业新闻、政策法规和行业标准等行业信息，方便广大公众了解。网站在网上开设产品展示的网上展厅，公布产品的全部信息。中国农产品供求信息网免费为广大用户提供信息服务。

4. 农业网址

- **网站介绍** 中国农业网址（http://www.n123.org）是由中国互联网协会农村信息服务工作委员会和农博网共同研发的农业网址大全，于2009年6月正式上线。是一个涉农网址的大型数据中心。

- **网站特点** 本站服务于农民、农业从业者、农业企业、农业网站等所有对农业感兴趣的人群。方便网民快速找到自己需要的网站，省去记太多复杂的网址的麻烦；同时也提供了搜索引擎入口，可搜索各种资料及网站。

农业信息服务技术的作用

- 促进农业结构调整和增加农民收入的重要措施。
- 提高农产品国际竞争力的迫切需要。
- 加快政府职能转变的有效途经。
- 实现农业决策科学化的重要手段。
- 发展现代农业的必由之路。

参 考 文 献

1. 马希荣. 现代设施农业 [M]. 银川：宁夏人民出版社，2009
2. 陈国元. 园艺设施 [M]. 苏州：苏州大学出版社，2009
3. 孙培博，夏树让. 设施果树栽培技术 [M]. 北京：中国农业出版社，2007
4. 张占军，赵晓玲. 果树设施栽培学 [M]. 杨凌：西北农林科技大学出版社，2008
5. 邹志荣. 园艺设施学 [M]. 北京：中国农业出版社，2002
6. 吴志行. 设施农业 [M]. 南京：江苏科学技术出版社，2001
7. 尚书旗等. 设施养殖工程技术 [M]. 北京：中国农业出版社，2001
8. 武志杰等. 农产品安全生产原理与技术 [M]. 北京：中国农业科学出版社，2006
9. 朱必翔等. 畜禽养殖技术问答 [M]. 合肥：安徽科学技术出版社，2009
10. 文杰. 畜禽健康养殖 [M]. 北京：中国农业科学技术出版社，2007
11. 王林云. 现代中国养猪 [M]. 北京：金盾出版社，2007

12. 杨洪强. 无公害农业 [M]. 北京:气象出版社,2009
13. 孙政才等. 农业防灾减灾100问 [M]. 北京:中国农业出版社,2009
14. 湖北省农业厅,湖北省气象局编. 农业灾害应急技术手册 [M]. 武汉:湖北科学技术出版社,2009
15. 刘志民,王树进,崔玉亭. 农业高新技术产业化导论 [M]. 北京:中国农业出版社,2004
16. 李军. 农业信息技术 [M]. 北京:科学出版社,2006
17. 胡正扬. 农产品质量安全知识百问 [M]. 北京:民族出版社,2005
18. 杜相革. 农产品安全生产 [M]. 北京:中国农业出版社,2009
19. 肖光明,邓云波. 鱼类养殖 [M]. 湖南:湖南科学技术出版社,2005
20. 张列士,李军. 河蟹增养殖技术 [M]. 北京:金盾出版社,2002
21. 邓陈茂,蔡英亚. 海产经济贝类及其养殖 [M]. 北京:中国农业出版社,2007
22. 雷霁霖. 海水鱼类养殖理论与技术 [M]. 北京:中国农业出版社,2005
23. 潘金培. 鱼病防治与诊断手册 [M]. 上海:上海科学技术出版社,1988
24. 江育林,陈爱平. 水产动物疾病诊断图鉴 [M]. 北京:中国农业出版社,2003
25. 世界卫生组织编. 水产动物疾病诊断手册 [M]. 北京:中国农业出版社,2000
26. 俞开康等. 海水养殖病害诊断与防治手册 [M]. 上海:

上海科学技术出版社,2000
27. 杨先乐. 水产健康防病养殖用药手册 [M]. 北京:化学工业出版社,2009
28. 陈辉,杨先乐. 渔用药无公害使用技术 [M]. 北京:中国农业出版,2003
29. 蔡焰值等. 名优水产品种疾病防治新技术 [M]. 北京:海洋出版社,2005
30. 潘厚军. 水处理技术在水产养殖中的应用 [J]. 水产科技情报,2001,28 (2):68-70
31. 冯玉贵,李仁斋. 浅谈滥用渔药对水生动植物和人类的危害 [J]. 河北渔业 2003,127 (2):8-9
32. 王勇强. 健康养殖与安全用药 [J]. 齐鲁渔业,2003,20 (1):1~3
33. 慕峰,臧维玲. 养殖用水净化处理技术及应用 [J]. 水产科技情报,2005,32 (3):117-120
34. 陈伦寿,陆景陵. 合理施肥知识问答 [M]. 北京:中国农业大学出版社,2009
35. 杨志福,王景宏,钱正. 肥料施用二百题 [M]. 北京:中国农业出版社,2007
36. 农产品安全生产基本知识 [M]. 北京:中国农业出版社,2007